自己腌

DIY 腌萝卜干、梅干菜、酸白菜、笋干、咸猪肉等**34**种家用做菜配料

U0278118

Contents

Chapter**1**
叶菜类

(作者序一)

一定要多动手做

自从 2014 年 2 月出版《自己酿》（繁体版）一书之后，很意外地收到非常多读者的反响，也发现读者的求知欲很强，甚至多位东南亚的华侨也来电咨询，而大陆目前也已授权即将上市*，希望能让更多的读者掌握技巧方法从而酿渍出好产品。这次再度被幸福文化邀请编撰《自己腌》一书，对我而言正好可将这十几年来在职训体系所教授的农产品加工中的腌渍类部分作一汇总检视，由于腌渍产品的食材有季节性的限制，再加上需要有腌渍的熟成时间，对作者及摄影纪录都是非常大的考验，幸好在台北国际书展前依计划完成。

《自己酿》、《自己腌》都要自己动手做，目的是引导读者从看书模仿学习中摸索出一套自己的方法、原则。学成后既能帮助自己，又能分享给家人，使大家在辛苦的酿渍过程中体会到食材的珍贵，并且吃到安全卫生的食品，减少食品安全问题。

腌渍的方法与技巧并没有太高深的学问，想要做得好一定要多去动手做，一旦做就要勤做笔记，记录生产过程及销售过程或客户的反应，不断追求完美，在优先考虑食材安全卫生的基本要求下精益求精，请务必先熟悉基本的方法，再做创意变化，希望书中的做法对你有帮助。

*编者注:《自己酿》简体版已经于 2015 年 9 月在大陆上市，书名全称为《自己酿: DIY 酿酱油、米酒、醋、味噌、豆腐乳等 20 种家用调味料》。可于当当、京东、亚马逊等各大网店购买到。

2014 年初，《自己酿》出版后，频繁收到读者询问何处可学到酿造腌渍技巧，其实我与古老师一直都在政府的职训体系教学，读者不妨上网找台湾就业通网站，再找农产品、食品加工类或精致农业类的课程单元，我们基本上一年只安排 3 至 5 期课程，每期招生 30 人，上课时间 2 个月至 3 个月，每天 8 小时，星期一至星期五，若你是中高龄失业者，而且没有劳保，就有机会参加面试，正式上课，政府提供全免的学杂费和材料费，如果资格符合，你还可以领每月一万多台币的政府补助生活津贴。2015 年，考虑为了服务及满足读者的学习需要和方便，我们协、学会也在"今朝酿酒工作坊"旁设立固定的培训教室，将开设农产品加工、食品加工及中式米面食加工丙级证照及应用课程单元。每单元预计 3 至 6 小时，每班次收 12 至 24 名学员，依材料及时间收费，如果有机会就来结缘吧！

当你看完书中部分单元的做法流程后，不必想太多，马上投入下去做就对了，希望你能从做中学，在学中做，要真的在做之后发现问题才来发问，千万不要没做就问一些不一定会发生的问题。酿渍是一门似浅似深的学问，也是生活的技能，希望能透过这本书以分享的方式与读者结缘，更希望读者能发扬光大将其分享给更多需要的人。也希望能有更好的方法或新产品能分享给我，不吝指教。

徐茂挥

（作者序二）

酿渍手艺的可贵

记得小时候，爸妈上班，姐姐们忙着念书准备升学考试，而我则每天无忧无虑地开心过生活，也正因每天无所事事，所以当个跟屁虫以及在隔壁外婆和舅舅家串门子，是我除了吃饭和睡觉之外最为重要的工作了。说起当跟屁虫和串门子，最常被我跟的就是外婆，而最常串的门子，就是隔壁的外婆家。外婆经常在我不注意的时候（哈哈！还在睡懒觉啦）弄回一堆青菜，然后总是算准我会出现的时间，边唱山歌边洗青菜，而我则是玩水玩得不亦乐乎。外婆时而煮豆、晒豆，时而将盐抹在青菜上，又或者将葡萄和很多的糖放进玻璃瓶里……很多时候我都没有看懂，在一旁与其说是帮忙还不如说玩的成分较多。后来因为上了中学，课业较多就很少再帮外婆做这些酿渍的东西了。而她老人家也在我高中阶段离世了。

时间是记忆最大的敌人，这些年将各种食材或酿或渍的过程中，经常会浮现儿时帮着（虽然捣蛋居多）外婆忙进忙出的场景，只因当时年纪小，不知那些酿渍手艺的可贵，现今虽然不断地到记忆的宝库试图挖掘更多外婆的手艺，但真能回想起来的并不多。因为这份感念与感动，我约莫在10年前一脚踏入了酿渍的世界，除了通过不断地学习精进自己的手艺，也从事政府职业训练的教学工作，2014年出版了《自己酿》一书大获好评，感谢读者的支持，至今已加印十四次之外，版权亦已授权至中国大陆。今应读者之鼓励，再次将自己的经验与心得集结成《自己腌》一书，与同好者分享，也盼各界先进贤达不吝指教。

近年来食品安全问题不断爆发，一向认为知名食品或原物料大厂商会因为顾及商誉，而在生产过程中比较小心，无奈最近一连串的知名大厂或小商家，甚至连夜市、摊贩等都无一幸免被爆料出存在食品安全问题，虽然大部分的企业或商家是因为上游原物料出了问题，而导致生产出来的产品连带出了问题，但也正因为如此，更叫我们这些小老百姓情何以堪，连吃得安心也成了人生的一种奢求吗？

以前常常听到一句话："有必要为了喝一杯牛奶，而去养一头牛吗？"看看现在的食品安全环境，好像有这种趋势了不是吗？所以想要"自己酿"或"自己腌"的朋友们，赶快卷起袖子按部就班地动手做吧！同样也期望大家在"自己酿"或"自己腌"的过程中，感受到健康又单纯的幸福滋味。

为了将《自己酿》和《自己腌》的产品做更多的运用，近年来我开始钻研中式米面食及米谷粉的多元化应用，期盼未来能将酿渍产品与米面食进行更多的结合，除了创造酿渍产品的新契机之外，更能增添丰富性及趣味性。

本书的出版要再次感谢徐茂挥老师的提携及幸福文化出版社所有参与同仁的努力，没有各位的辛劳就没有这本书的诞生。各位辛苦了！谢谢你们。

古丽丽

（写在前面）

　　谈到腌渍菜，大部分人总是会联想到泡菜类的产品，尤其是外食族上餐厅最喜欢尝试不同种类的泡菜。其实在日常生活中我们不断接触到的各式酸、甜、咸、辣、脆的加工蔬果、腌制肉品、腌制水产和蜜饯零食，都算是腌渍菜家族的一部分。传统腌渍菜五花八门的材料、酱料，及国外引进的其他腌渍方式与食材，不仅使成品美味可口，也延长了食品的保存期限，创造出不同的风味及腌渍技巧。

　　在传统农业化的社会中，经常可以看到祖先留给我们的盐腌、糖腌、醋腌、酒腌、油渍腌、米糠腌、味噌腌及混合腌等多种技巧，再加上近年来异地通婚的盛行与各家电视剧的分享介绍，市场上腌渍菜的种类越来越丰富多变，并发展出更多元创意的可能性。

　　可惜在当前的工业化社会，生活步调加速，大部分人无法传承先人的技巧，以致年轻族群无法尝到美味而逐渐遗忘此精髓。即使有长辈愿意传承，却也因为无法表达正确的做法或精准的配量而失去原有的风味。有鉴于此，本书在内容规划上，首先介绍各种腌渍常用的调味料及器具，再在各种腌渍技巧与诀窍的基础之上综合整理出一套基本的原则或规范，让初学者心中有一个基础腌渍原则，只要愿意动手做就能学会。另外也希望让有基础的读者一看就能与既有的技巧融会贯通，期盼读者看了本书都会有所收获，也欢迎各界先进贤达不吝指正，让更多的人认识传统腌渍的美与科学的安全实证。让腌渍菜的做法与技巧能不断衍生出新的创意，做出自己可掌控、既美味又安全卫生的好产品，与亲朋好友分享，并永远传承于下一代。

一、腌渍食品的定义

凡蔬菜或果实类经食盐处理后，其组织细胞因被破坏而软化并易于渗透，风味因此改变，同时因加工条件不同，或加入调味料，或利用微生物及酵素作用于蔬菜，因此而呈现出具有特殊风味的食品，就叫做腌渍食品。

二、腌渍原理

1. 食盐的渗透作用：原料因食盐的高渗透压而脱水，细胞死亡，细胞膜因此失去机能，各种成分可以自由通过细胞膜，也就是说调味成分可以渗透至细胞内，细胞内成分也可渗透至外面。

2. 原料中酵素的分解作用：原料中的各种酵素会因细胞死亡而活动旺盛，随着自身消化作用的进行而消除生、涩味。

3. 微生物的发酵作用：在适当的温度及盐度下，由于乳酸菌、酵母菌等微生物的繁殖及发酵作用，生成有机酸、酯类、乙醇等芳香成分，使腌渍物具有特殊风味。

4. 辅料与调味料的作用：在腌渍时，添加各种辅料，可使原料增加适当脆度，也可使原料软化，若将辅料调配成调味料，则可使腌渍物有各种特殊风味。

三、腌渍目的（食用腌渍食品的主要优点）

1. 具特殊风味，增加食欲。

2. 腌渍物拥有比新鲜蔬果更高的维生素 B 含量。

3. 含有机酸可调节身体机能，促进胃肠消化吸收。

4. 腌渍物为碱性，可中和人体的 pH 值。

5. 腌渍物的纤维质可增强胃肠的蠕动性。

6. 可以延长食物的保存期限。

（导读）

自己腌渍，是一种生活态度，它可以令我们对自己的生活工作态度负责，它可以对自己以及家人的生活、工作思维进行诱导，同时也让我们掌握周遭的食品安全，进而为我们营造健康的生活环境。

自己腌的腌渍加工产品，是一种在生活中对自己或家人既安全又可以享受的独有美味。"自己腌"是可以影响下一代生活认知的一项无形生活教育志业，对辛苦的农事耕作者、养殖畜牧生产者也是一种直接的肯定，同时也对农、牧、渔业调节产能作物、生产季节有莫大的帮助。尤其在台湾的食品安全风暴之后，大家对安全的食品和黑心的加工方式有了更清楚的认识与共识。虽然个人无法改变什么，但至少自己可以用心做出好的、安全卫生健康的食物或食品，让自己吃的健康，减少食品带来的危害。早期先人曾留下不少可行又聪明的方法，可惜因传承的技巧表达不足而失真或不完整。为方便读者快速进入腌渍的领域，本书列明各项制作原则及用量基准，以方便大家学习，进而融会贯通。

动手制作腌渍菜前一定要掌握时程、步骤，即使腌渍制作技术成熟，也要依既有的配方和步骤而行。熟练的专家或酿渍老手在制作时，心中或脑海里早已有着清晰的配方或步骤，又或者操作的连贯性不会因教导别人而中断，其精准状况就取决于用心与专业的程度。

（食材基本腌渍原则技巧）

以下将我个人对腌渍领域的心得与腌渍基础原则，分享给有缘的读者，希望对你有帮助。

1. 腌渍产品要做得好，食材的水分控制一定要拿捏好，短期就能吃完的腌渍菜，不一定要压很干，但准备长期保存的，一定要沥干、压干或脱水干燥。

2. 腌渍菜一般都用盐去杀青，主要作用是破坏食材表层，让盐的渗透压能渗入内部来替代食材的水分，达到杀菌、使食材软化及去除苦水的目的。在做腌渍食材时，这常常是第一步骤，请记住此原则。

3. 用盐量的原则：如果食材是叶类的，杀青停留时间在 30 分钟 ~ 2 小时，用的盐量一般是食材重量的 2%。若杀青停留时间在半天以上，用的盐量一般是食材重量的 1%。杀青的盐水一定要挤掉，腌渍菜才会好吃，杀青若用盐太多时，可用冷开水或者 20 度米酒清洗降低咸度，再沥干处理。如泡菜类的做法。

4. 用盐量的原则：如果食材是根茎类、果实块状或结球类的，杀青停留时间在 30 分钟 ~ 2 小时，用的盐量一般是食材重量的 6%。若杀青停留时间在半天以上，用的盐量一般就是食材重量的 5%。杀青的盐水一定要挤掉，腌渍菜才会好吃，杀青若用盐太多时，可用冷开水或 20 度米酒清洗降低咸度，再沥干或脱水处理。如腌萝卜、腌渍福神渍。

5. 因早期无冰箱保存，传统腌渍用盐量在 20% 左右甚至更高，食用处理时常先用水清洗、浸泡，脱去大量盐分，挤干再用。若用 25% ~ 30% 的盐来腌渍食材，通常可保存非常久，达好几年，但太咸对身体不好，而且营养专家也不认同。目前皆以减盐方式做腌渍菜，用盐量控制在10%以下较好。

6. 腌渍菜的酱汁较稀时，若要使产品保存更久，可采用"腌渍酱汁重煮法"，即倒出腌渍的酱汁重新再煮滚，经过再煮挥发掉多余的水分，冷却后再倒回瓶罐。如波浪脆瓜的做法。

7. 腌渍食材用盐量较多时，最后一定要加些糖调味，不然吃起来会很咸。

8. 食材太大不容易腌入味，太小容易收缩不成形。太大的有些要借助重物压1～3天，但每天记得仍要去翻动它，这样才容易脱水并腌渍入味。

9. 腌渍食材时，为防止失败，腌渍的容器或盖子、封口布、压的重石一定要事先消毒或做好预防工作，且干燥后才能使用。玻璃瓶罐最好事先用高温杀菌。

10. 使用75度的酒精消毒，在动手制作前，先将手、工具、容器、桌面、砧板都消毒一次。制作食品，时刻要有清洁卫生的观念。

11. 腌渍酱菜时，食材一定要被酱汁没过。由于很多食材会浮于酱汁上，在制作时可利用大小不同的瓷盘和碗压在最上面，重量不够的话可以多加几个盘子，这是最方便最安全卫生的做法。

12. 一旦在腌渍时出现发霉情况，即有白色薄膜的东西出现，一定要立即用干净的不锈钢长汤匙捞掉，不要让它飘移扩散。在处理时，可先准备一碗热开水，每捞一次用热开水洗一次，擦干汤匙再继续捞，如此才可降低重复污染的概率，不要一开始就用75度酒精喷，这样反而会造成污染源扩散及下沉。处理后可加一点盐预防。

13.在准备腌渍食材时，食材的头、尾两端不要切去太多及浸泡水中太久，这样腌渍后的口感才会较清脆而不会太软。

14.腌渍叶菜类时，使用重石或重物压的重量最好是食材未腌前的 2 ~ 3 倍就好。如果压出的汁很多就可以减重量，如果没什么出汁就必须加重量再压。重物的重量要控制在能让食材出汁，又不会破坏食材外表。

15.晒白萝卜做腌渍时，最好是晒到可以弯成 U 字形的程度。如果无法达到就多晒几天。

16.腌萝卜时，盐的使用量以 6% 为基准，若想达到更长的保存时间则需要用 8% ~ 10% 的盐量。

（腌渍调味料、器具、食材的认识）

一、自己腌渍酱菜必备的调味料

1.**盐**：以粗盐与一般的细盐为主，其他盐类为辅。自古至今，盐在食物腌制的过程中扮演非常重要的角色，因为它能使食材脱水，减少污染，帮助或抑制发酵，更能让腌制的食材产生更爽脆的口感。盐具有天然的杀菌作用，可避免细菌滋生而破坏味道进而危害人体。但过量的盐会影响身体健康，一定要控制好。

2.**糖**：以细砂糖、特砂糖、二砂糖、冰糖为主，其他糖类为辅。糖是一种甜味剂，也是一种提味剂，它可以让加盐后的产品不会变得死咸，以平衡食材的口感。它也可以让食材表面更加亮丽，增进食欲，当糖度提高时，利用渗透压原理也可增加食材的保存期限。

3.**醋**：以米醋、陈年醋、糯米醋为主，其他醋类为辅。醋因为内容物酸度的关系，具有抑菌的效果，可延长食材的保存期限，而其酸味又具有开胃助消化的功能。醋，是腌渍时被用来增添风味及改变成品酸碱值的好调味料。一般人都用糯米醋，个人建议使用米醋或陈年醋。使用醋味较不突出的醋种，在做腌渍时才不会抢走主味。在做腌渍菜时，请不要添加使用醋精（冰醋酸），以免影响健康。

4.**酒**：以米酒、高粱酒、红露酒、绍兴酒、葡萄酒为主，其他酒类为辅。酒是用来腌渍海鲜及肉类不可缺少的调味品，现在也拿来腌渍米豆曲类的腌渍物。依照原料食材及个人口感的不同，可用不同的酒类及不同高低的酒精度，例如台湾人喜欢用米酒、高粱酒，而其他一些地区的人喜欢用红葡萄酒、白葡萄酒、白兰地，这些酒都能提供香气并达到去腥、增鲜、抑菌的效果。

5. **酱油：**以黑豆酱油为主，其他调味酱油为辅。酱油本身就是一种发酵的产物，用于腌渍时，除了可增加食材的咸度、色泽外，还可保有一种发酵的曲味，其特殊香气让腌渍物更出色。

6. **米豆曲或黄豆酱：**以黄豆米曲为主，其他米曲为辅。在此基础上衍生出市场上多样的调味品，在中国调味品中占相当重要的地位。

7. **味噌：**以新鲜原味黄味噌为主，其他口味味噌为辅。

8. **米豆曲发酵衍生物：**以豆瓣酱为主，其他酱类为辅。

9. **油：**主要以香油、橄榄油为主，其他油类为辅。油在腌渍中主要扮演使食材更柔软的角色，尤其是在腌渍肉类时更能增加其嫩度。不过，在传统的腌渍上，常拿香油作为腌渍品与空气的阻隔物，从而达到拉长保存期的目的，另外也用于增加产品的美观及光泽。

10. **辣椒：**以红辣椒为主，可使腌渍食材产生美观又开胃的效果，同时兼具抑菌效果。

11. **大蒜：**具辛辣味及杀菌效果，可以使腌渍食材变得美观又开胃。

12. **乳酸菌：**是腌渍泡菜类的重要益菌，其自发的酸度会较协调，具有保健效果。如果在腌渍叶菜类时，酸度一直提不出来，可加些磨粉的乳酶生，或酸奶，或养乐多，以增加容器中的益菌，能加速提高酸度而减少污染。由于酸奶或养乐多可能会有奶味出现，建议用乳酶生磨粉最好，其添加量少而菌数较多。

二、自己腌渍酱菜需准备的器具

1. **磅秤：**传统动手做腌渍菜时，常用手的感觉作为定量工具，那是要非常有经验的工作者才可行，平常自己做食材处理的时候，建议随时以磅秤作为定量的工具，如此腌渍出的产品才会具有相同的品质与风味。

2. **量杯与量匙**：当没有磅秤在手边时，就必须借助定量好的量杯与量匙，或使用可临时定量用的容器，如碗或装饮料的宝特瓶。

3. **容器**：一般取决于周遭生活环境既有的装盛制品，以安全不容易损坏或不易污染的器皿为主。从古至今以下列的容器最为常用：

- ÷ **陶瓷**：在古代腌制的领域中，陶瓷是最重要的容器，但使用时要注意到釉彩的含毒性及陶瓷毛细孔的渗透性，一旦将酸性太强的半成品装入陶瓷，很容易因渗漏而造成原料、半成品或产品的污染。

- ÷ **木桶**：早期腌制品很多都靠木桶来装，主要因其取得方便，价格便宜，有特殊香气，又方便运输保存，常用来装酱菜或味噌。

- ÷ **玻璃容器**：优点是因玻璃具有透明度，可看出内容物是否有异样，又容易回收重复使用，而且前产品残留的气味容易清除而不受影响。缺点是较容易破裂。

- ÷ **不锈钢容器**：近代最容易取得的容器，不过一定要注意适合腌渍物的材质，一般用 304 材质就行，若要装酸性物质，用 316 材质才可。

- ÷ **塑料容器与塑料袋**：也是近代的方便产物，使用时一定要选好适合的材质，通常以 PE、PP、PET 为主，颜色要透明无杂质，最好用第一次的塑料制成品，不要用回收品制成的容器，并注意塑化剂的残留量。

4. **脱水设备**：

- ÷ **重石**：最好使用较圆滑无坑洞的天然石材。若用旧石材时，最好外层包一层厚的塑料袋较卫生，污染性会减少。目前皆可用各种材料代替，只要把握其重量及平稳度即可。

- ✢ **长板凳:** 旧时因家中都有长板凳，以长板凳作底座，利用上面加扁担及绳子拉紧作压干工具。目前光买长板凳就要几千元（新台币），已较少有人使用。

- ✢ **脱水机:** 可迅速脱干水分，以便于腌制时减少水分及污染。最好用不锈钢制的食品专用脱水机，也可以临时用洗衣机的脱水机，记得先将要脱水的食材放入干净的洗衣网中再脱水，脱水完后一定不要忘记再用清水冲洗洗衣槽，才不至于让脱水后残留的盐水腐蚀洗衣槽。

三、适合腌渍酱菜的食材

想要腌渍出好的产品，最重要的原则就是选择新鲜、品质又好的食材。要优先考虑腌渍后有人想要吃才做。各类腌渍蔬菜的选购要点：

1.注意蔬菜食材的产区环境。

2.注意蔬菜根果食材的农药残留及卫生清洁度。

3.尽量选用符合当季节令的蔬菜食材。

4.注意蔬菜食材品质要结实，肉质要厚、饱满。

5.最好选用新鲜采收期的蔬菜食材。

6.不要使用发霉过期的食材。

四、腌渍菜能爽口的秘诀

水沥干、日萎凋、盐杀青、重石压、拌入味、置冷藏。

五、腌渍食材的脱水处理方法

1.**日晒萎凋法及日晒干燥法:** 用日晒法就是要靠天吃饭，要观测天气是否放晴再做腌渍的前处理，许多叶菜类食材要经过日晒萎凋法，主要是用天然日晒减少水分，同时达到食材萎凋的效果，以方便食材的纤维质软化，便于加工处理。而用日晒干燥的主要好处是便于保存，如萝卜干、豆仔干。

2. **人工加热干燥法：**早期用天然的柴火加热去烘干食材，现在因为环境的限制，为求方便及卫生，大都用电器或蒸气加热作为热源，但所干燥出来的产品风味与日晒法不同。

3. **油炸脱水法：**利用油温让食材熟制，达到脱水目的，以方便保存。

4. **冷冻干燥法：**利用低温脱水，达到干燥目的，减少营养成分的流失，是目前的趋势，但因设备较昂贵而不普及。

（腌藏季节表）

台湾季节性适合腌渍的蔬果采收时间参考如下表：

	1月	2月	3月	4月	5月	6月	7月	8月	9月	10月	11月	12月
芥蓝	●	●	●	●						●	●	●
大芥菜	●	●	●									●
小芥菜	●	●	●		●	●	●	●	●	●	●	●
大白菜									●	●	●	●
菜心	●	●	●	●					●	●	●	●
葱	●	●	●	●	●	●	●	●	●	●	●	●
韭菜	●	●	●	●	●	●	●	●	●	●	●	●
蒜头	●											●
白萝卜	●	●	●	●						●	●	●
红萝卜	●	●	●	●							●	●
洋葱			●	●	●							
嫩姜							●	●	●			
红辣椒	●	●	●	●	●	●	●	●	●	●	●	●
冬瓜					●	●	●	●	●			
苦瓜				●	●	●	●	●	●	●		
小黄瓜				●	●	●	●	●	●	●		
越瓜				●	●	●	●	●	●			
豆角				●	●	●	●	●	●			
荞头					●							
麻竹笋						●	●					
树子						●	●	●				
青辣椒	●	●	●	●	●	●	●	●	●	●	●	●
凤梨	●	●	●	●	●	●	●	●	●	●	●	●
冲菜	●	●	●	●								
大头菜	●	●	●								●	●
长豆				●	●	●	●	●	●	●	●	
豇豆				●	●	●	●	●	●	●	●	

（消毒杀菌用食用酒精基本调制法）

如何利用食用酒精来杀菌或预防污染?

酒精杀灭微生物最有效的浓度是 75 度（75%）。

在酿造醋类、酿造酒类或其他发酵制品或腌渍品的生产过程中，都需要使用酒精消毒器材及场地环境；或是酿醋、酿酒、腌渍食品时，只要表面有污染出现，都必须捞掉污染物后，立刻用 75 度的酒精进行消毒。

不必担心是否会同时将好菌杀死，进行表面的喷洒很容易将杂菌杀死，消毒工作最好连续进行 3 天。

至于如何购得 75 度酒精?

✤ 可直接至药店买已调好的 75 度酒精，倒入喷罐立刻可用。

✤ 可至药店买市售的 95 度优质酒精、精制酒精或 95 度的食用酒精。

如何调制 75 度酒精?

✤ 若要自己调制 75 度酒精，请按以下步骤调制：

　1. 只要抽取 75ml 的 95 度酒精，放入容器中。

　2. 再加入蒸馏水或纯水 20ml。

　3. 将此 95ml 液体混匀，就是 75 度的酒精。

　4. 以此类推，用倍数换算调制所需容量即可。

※ 注意：千万不要为了省钱，用蒸馏时去酒头而留下的高酒度甲醇，来当灭菌用的 75 度酒精。

（本书单位使用表）

体积单位换算

1 大匙（T）= 3 小匙 = 15 毫升（ml）

1 小匙（茶匙）= 5 毫升（ml）

1/2 匙（1/2 茶匙）= 2.5 毫升（ml）

1/4 匙（1/4 茶匙）= 1.25 毫升（ml）

1 杯（C）= 16 大匙（T）= 240 毫升（ml）

1 升（L）= 1000 毫升（ml）

※ 其实量匙容量大小相同，但重量常因食材的密度或颗粒大小、食材是粉
　状还是液体而有所差异，最好在腌渍使用食材时都称重量较精准。

以下是拿实物称量出的结果，请参考：

	一大匙	一小匙
标准量	15g	5g
细盐	18g	7g
酱油	21g	6g
香油	12g	4g

	一大匙	一小匙
色拉油	11g	4g
特砂糖	13g	5g
细砂糖	14g	5g
陈年醋	14g	5g

重量单位换算

1 公斤（kg）= 1000 克（g）= 2.2 磅（b）

1 台两 = 37.5 克（g）

1 斤 = 500 克（g）

1 台斤 = 600 克（g）=16 台两 =1.32 磅（b）

1 磅（b）= 16 盎司（oz）= 453.6 克（g）

（自己做米豆曲）

酿制品的重要媒介

在台湾，目前因大环境已改变，要像祖先一样再用自然方式酿制米曲类产品，充满变数，较不可行。读者应改变酿制方式，用纯菌种来酿制，只要了解生产过程，自己会控制发酵温度，在冬天寒冷的天气条件下培养一样可行。米曲菌大概分两种：味噌曲与酱油曲。一般味噌曲是淡苹果绿色，俗称长毛菌，而酱油曲则为深绿色，俗称短毛菌，切记不可与绿霉菌搞混。依我的实践经验，其实两支菌种都可以混着用，发酵出来的曲会偏金黄色，用于酿制豆腐乳及味噌会有很棒的效果。另外也可通过对发酵时间的控制，在发酵过程中待菌丝的颜色长到金黄色时，就让它停止发酵。

米曲是米曲菌在煮熟的饭粒上发酵，成为白色、金黄色、黄绿色的发酵物，主要用在酿酒及腌渍上。在日本是用米曲菌酿制清酒，在台湾则用米曲菌酿渍豆腐乳、酱冬瓜、酱凤梨、味噌。

一般若用黄豆作为原料，发酵完成后就是黄豆曲，也就是传统上所说的豆婆、豆粕。多用于做豆酱和腌渍产品，如：豆腐乳、酱凤梨、客家的豆汁酱。若要做酱油则需再添加炒过的小麦以增加其香气。若用黑豆作为原料，就是黑豆曲，一般做酱油及豆豉较多。

传统豆粕的制作方法

⬛ 材料

　　黄豆或黑豆（如要制作豆酱则采用黄豆，要制作豆豉则用黑豆）

◎ 制作方法

1.将黄豆或黑豆洗净，浸泡 2 个小时以上，蒸熟或煮熟（要熟透、勿太烂），放置在透气良好的容器（如竹编的盘子）内摊开铺平，厚度约 1 厘米（约 2 颗豆子重叠的厚度），再以棉布、树叶或竹编的容器覆盖遮光，放置于阴凉处发酵，要随时注意发酵温度。

2.发酵 1 周左右，豆子表面会陆续长出白色到黄色到黄绿色的菌丝，俗称长青菇，颜色应为绿色夹杂黄绿色，会有一股发酵的曲香味道（此表征并非坏掉，若发酵坏掉会出现氨水的尿骚味）。

3.发酵完成后，摊平散热，移出日晒一天，即可收存，豆粕的发酵即大功告成。

4.使用发酵好的豆粕时，先以清水洗净去除青菇（表面菌丝）后，即可进入豆酱、酱油、味噌、豆豉的酿制程序。

🗂 注意事项

　　以冷开水清洗除去表面菌丝后称熟粕，未洗的叫青粕，一般酱冬瓜、酱笋之类，皆须通过豆粕的助力来发酵。

现代米曲的生产流程

 原料米浸泡

使用籼米、糙米

▼

 **蒸煮**

煮透且有弹性，含水量约37%

100℃煮2小时

或用意式快锅煮35分钟，

需熟透

▼

 **摊凉**

饭温度降至35℃

▼

接米曲菌种

种量为原料米的0.1%

或600g米用1g

▼

  发酵

需做堆积发酵，盖白布保温，发酵

时间12～15小时

▼

翻堆

温度在30℃～35℃时翻堆，

拌匀后再做堆，3～5小时后装盘

▼

装盘

温度保持在 35℃，菌点达 20%，
若太干可喷水，装盘 4 ~ 6 小时再翻堆

再翻堆

菌点达 40% ~ 50%，5 ~ 8 小时再翻堆

再翻堆

翻成堆，不再盖布

米曲

出曲 4 ~ 5 小时，则可拌细盐

拌细盐

拌细盐后可使用，此步骤不一定需要

加工腌制半成品

腌制酱冬瓜、酱凤梨时，都缺少不了米曲。

食谱

[米曲]

⚖ **成品分量**　共 1.5kg

🕐 **制作所需时间**　5 ~ 7 天

🔲 **材料**　籼米 1kg
　　　　　米曲菌 1g ~ 2g

🍚 **工具**　竹盘 1 个
　　　　　棉布 1 条

🔵 **做法**

1 先浸泡籼米 1kg。

2 用蒸斗将籼米蒸熟。

3 竹盘用酒精消毒。

4 将蒸熟的籼米放入竹盘中摊凉。

5 再加入定量的米曲菌。

6 用双手搓揉均匀。

7 若发酵温度过高，可以打成梯形。

8 若发酵温度超过40℃，可以打成薄面。

9 堆积发酵。

12 初期要盖布发酵。

10 将散饭粒赶至中间。

13 太冷时可加钢盆助温发酵。布菌完成后在33℃发酵室培养成米曲。

11 盖上棉布，可隔离杂菌，也具有保温效果，帮助发酵。

现代豆曲的生产流程

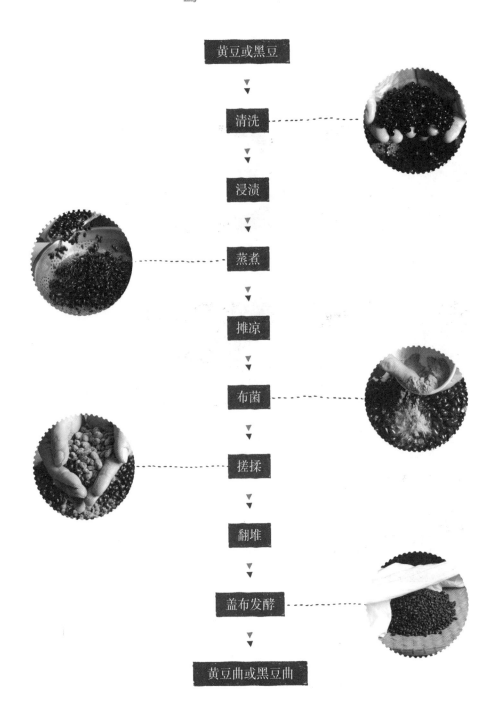

黄豆或黑豆

▼

清洗

▼

浸渍

▼

蒸煮

▼

摊凉

▼

布菌

▼

搓揉

▼

翻堆

▼

盖布发酵

▼

黄豆曲或黑豆曲

腌制酱冬瓜、酱笋时，都缺少不了黄豆曲。

豆曲

[豆曲]

📏 **成品分量**　共 900g

⏱ **制作所需时间**　5 ~ 7 天

📋 **材料**　黄豆或黑豆 600g

（如要制作豆酱则采用黄豆，要制
作豆豉则用黑豆）

米曲菌 1g

🔧 **工具**　竹盘 1 个

棉布 1 条

🍳 **做法**

1 原料豆（黄豆或黑豆）
清洗、浸泡。

2 蒸煮（煮透且有弹性，沥
干，表面不残留水分）。

3 摊凉（熟豆温度降至
35℃）。接米曲菌种（接
种量为原料米的 0.1%
或 1kg 豆用 1g 菌种）。

4 搓揉，让米曲菌均匀覆
盖每一颗黄豆或黑豆。

5 发酵

需在竹盘做堆积发酵，盖棉布保温，发酵时间
为 12 ~ 15 小时。

→翻堆

温度在 38℃以上时翻堆，搓揉拌匀后再做
堆积发酵。

→再发酵

温度保持 35℃，菌点达 20%，若太干可喷水，
装盘 4 ~ 6 小时再翻堆。

→再翻堆

菌点达 40% ~ 50%，5 ~ 8 小时再翻堆。

→再翻堆

翻成堆，不再盖布，若表面菌丝颜色达到黄绿
色即可停止发酵。

→出曲干燥

将发酵的豆曲摊散铺平散热，自然干燥成黄豆
曲或黑豆曲。

→加工腌制成半成品豆曲。

叶
菜 类

Chapter 1

芥菜的一生——成就了酸菜（咸菜）、福菜、梅干菜

芥菜，闽南语又称刈（yì）菜，或称大菜。也是除夕团圆饭的长年菜。经过加工腌制处理就成为酸菜、福菜及梅干菜。

芥菜属十字花科，台湾各地或多或少都有种植生产，尤其以新竹县、苗栗县、云林县、嘉义县最多，其中又以新竹县关西镇、苗栗县公馆乡、云林县大埤乡最具代表性，从育苗、田间种植到收成，约需70天。除一些作为鲜食的蔬菜外，大部分加工做成酸菜（咸菜）、福菜或梅干菜。芥菜在台湾是一种非常普遍的加工食材，自己腌渍，便宜、安全又能享受动手做的乐趣。下面介绍制作流程：

一、种植：芥菜从育苗到发芽需7～10天，菜苗移种至田间到成长至球状，约需60天就可收成。

二、晒软：为减少搬运重量、节省人力消耗及免去寻找日晒场所的环节，农民大都直接砍菜后，就地日晒萎凋1～2天。

三、盐渍：萎凋后的芥菜，取2%粗盐搓揉至软，然后放入桶中以一层芥菜一层盐的方式堆叠腌渍，此时用的盐仍为粗盐，盐的用量要增加至4%，每一层要压实堆叠，在民间直接用脚踩，利用身体的重量将芥菜踏实减少空隙。

四、封存：在桶中最顶层的芥菜上方放入重物，一般是用石头帮忙压至芥菜出水，也可防止芥菜浮出水面，最后仍须在桶外面用塑料袋封口，预防

水分或杂物进入桶中影响发酵。

五、发酵：封口后的芥菜，经过约 15 天的发酵，即成为黄橙橙的酸菜成品，就可以当作料理的食材，同时也可以继续加工成另一种产品。

六、日晒：将腌渍好 15 天左右的酸菜，在菜根中间部分划十字刀，挂于竹竿或篱笆上日晒，傍晚收回家再堆叠腌渍，一层酸菜一层盐堆叠，上面要放重石压并盖封口布。

七、重复日晒：隔日取出酸菜再日晒，傍晚收回再腌渍，如此工作要持续 3 天。

八、切割分割：经过第四次日晒后，将酸菜切割成片，将叶梢切除，准备放入瓮中储藏。

九、瓮藏：将一片片的酸菜挤入瓮中或瓶中，用竹枝用力挤实至毫无空隙，从而阻止瓶外的杂菌进入瓶内，若有空隙，酸菜会发黑、腐败。保存 2 ~ 3 个月即为福菜。

十、风干：将完成的福菜，放于太阳下晾晒，让它晒至完全干燥时，再捆扎起来放入密封罐中储存，即成为风味醇厚的梅干菜，可以保存更长的时间。

用金黄色的酸菜煮五花肉酸菜汤，
酸菜脆而爽口，汤头甘甜。

（酸菜）

黄橙橙的酸香滋味

　　小时候，住在客家的三合院，每当芥菜收成时，祖父母一定会将其做成酸菜、福菜及梅干菜。每年到这个季节，就看见大人们忙进忙出地将田里的芥菜收成，摆在三合院的晒场及围墙上，晒了 1 ~ 2 天后就整整齐齐四四方方很密实地铺在干净的水泥地上，一层菜撒上一层盐，除大人自己踩踏外，还会叫我们小朋友一起到菜上面用脚踩，像跳舞一样，很好玩。几天后，大人将这些已被踩过的菜放到水缸内，用石头压着，过不久就拿出金黄色的酸菜煮五花肉酸菜汤。五花肉则蘸自家做的客家桔酱食用，酸菜脆而爽口，汤头甘甜，充满幸福的滋味。

　　早期只是看着大人腌渍，根本不知道这些加工过程包含了如此多的含义与技巧，而且有其一贯性。他们虽没有以文字记载，但已完全生活化，好像天生就知道要这么做。至今已接触很多农产品加工技术，我很乐意记录下来，让各位体验祖先们的生活智慧与技巧。对方便性工具的应用，我也很乐意将自己的心得与各位分享。

制作流程

芥菜晒软

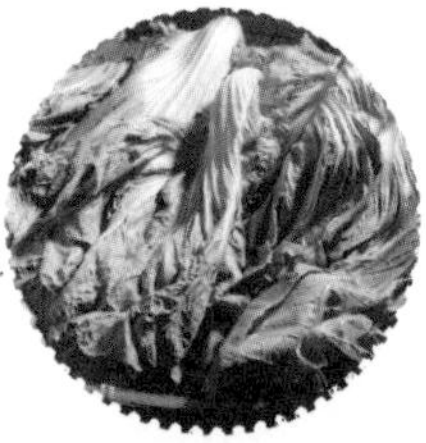

加盐揉软出汁

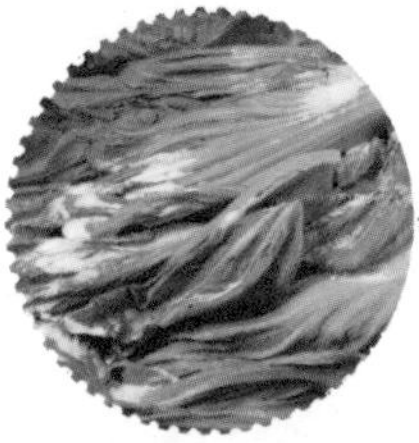

放入容器中、加盐层层堆叠

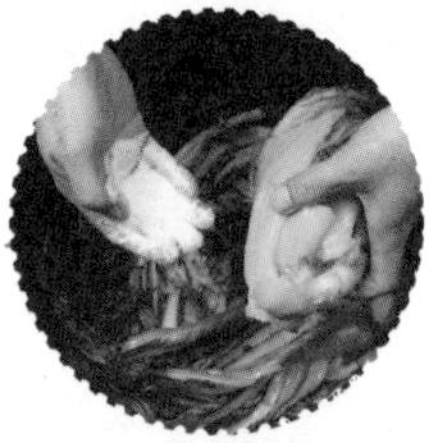

重压 3 ~ 4 天

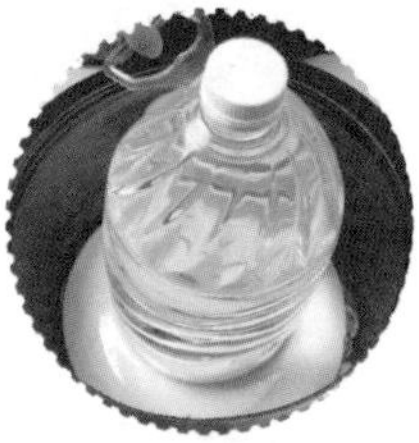

发酵 15 天

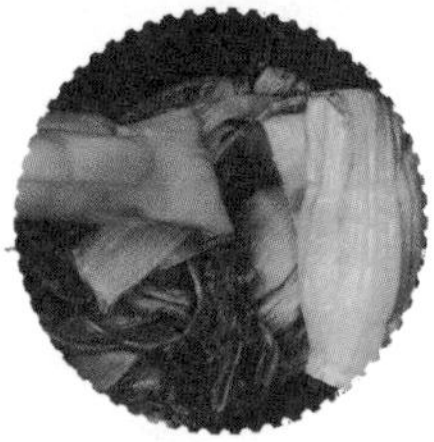

完成

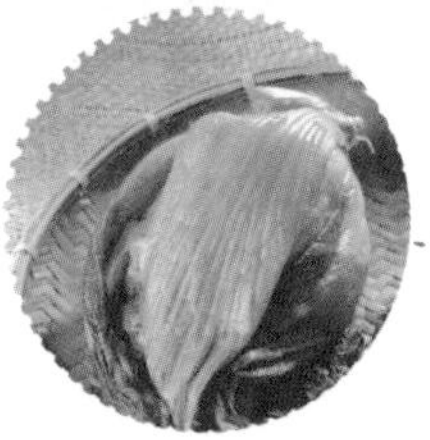

食谱

成品分量　芥菜 : 酸菜 = 1 : 1 以上

制作所需时间　5 小时 ~ 8 天

保存时间　约 1 个月

材料　芥菜 1.8kg
　　　　盐 2%（搓软用）36g
　　　　　6%（盐渍用）108g

做法

1 芥菜自田园采收之后，日晒 1 ~ 2 天进行萎凋作用，让菜变软。

2 晚上收回后，抹上盐揉一揉。

3 揉至芥菜变软出汁。

4 放进容器里排好，以一层芥菜一层盐堆叠至满。

6 再压上重物。晴天压3 ~ 4天，阴天则需7天左右。

5 最后在芥菜上反扣盘子。

7 正常情况下以15天的腌渍酸菜最好。

🧺 注意事项

✤ 容器勿沾到油渍，以免制成的酸菜变黑。

✤ 最好利用塑料袋装已搓过盐的芥菜，塑料袋外面再压重石。

✤ 可将芥菜洗干净后，挂在竹竿或篱笆上日晒风干1 ~ 2天，让菜软化。

✤ 颜色变黄且有酸味才表示酸菜制作完成。

✤ 酸菜的发酵以乳酸菌为主。

✤ 很多人在制作酸菜时，常常无法判断酸菜是否受到污染，尤其常对表面出现的菌膜进行误判。这些表面出现的白色菌膜大部分是产膜酵母或霉菌，少量时影响不大，大量时会产生不良风味，大都有地沟水的味道及霉臭味，但大部分的人也照吃不误。至于如何解决这个问题，其实很简单。

Chapter

1

叶菜类

在旧有的腌制设备中，添加一个大小适中的厚塑料袋，在盐腌过的芥菜要入缸前，先将其放入塑料袋内，袋口绑上绳子，但不要绑太紧，把塑料袋的开口往缸边折，使汁液能够流出，上面再加上重物或重石压，其他步骤都一样。当塑料袋内的酸菜经过重物压时，盐水渗透压会将菜内的水挤出来，袋内水满后才会从袋口溢出，所以袋内一定随时充满液体，只出不进，外面的液体无法进入。外面液体因接触空气而容易招到污染，产生白膜，有时捞不胜捞，等收成时将外面液体倒掉冲干净，再将塑料袋内的酸菜取出就可以获得无污染的酸菜。

烹调运用

酸菜肚片汤、酸菜五花肉汤、酸菜猪血汤、酸菜鸭汤、酸菜包

∻ 酸菜肚片汤食谱

材料

猪肚 300g
酸菜 100g
红萝卜 50g
葱 1 根

调味料

米酒 1 大匙
盐 1 小匙

做法

1. 将猪肚用盐搓洗，去除黏液，用水洗净。

2. 放入滚水汆烫，捞出放凉并刮去黄色硬皮层。

3. 切肚片备用。

4. 红萝卜去皮洗净、切丝，葱洗净、切段。

5. 酸菜洗净、切片，若太酸太咸可用水浸泡一下。

6. 锅中倒入 3 杯水煮开，放入猪肚片、葱段和米酒煮开。

7. 加入酸菜片、红萝卜丝煮到烂，再加入盐调味即可。

注意事项

买新鲜的猪肚，先用盐将内、外肚洗干净，也有人用面粉或可乐洗肚肠，可以洗得更干净。

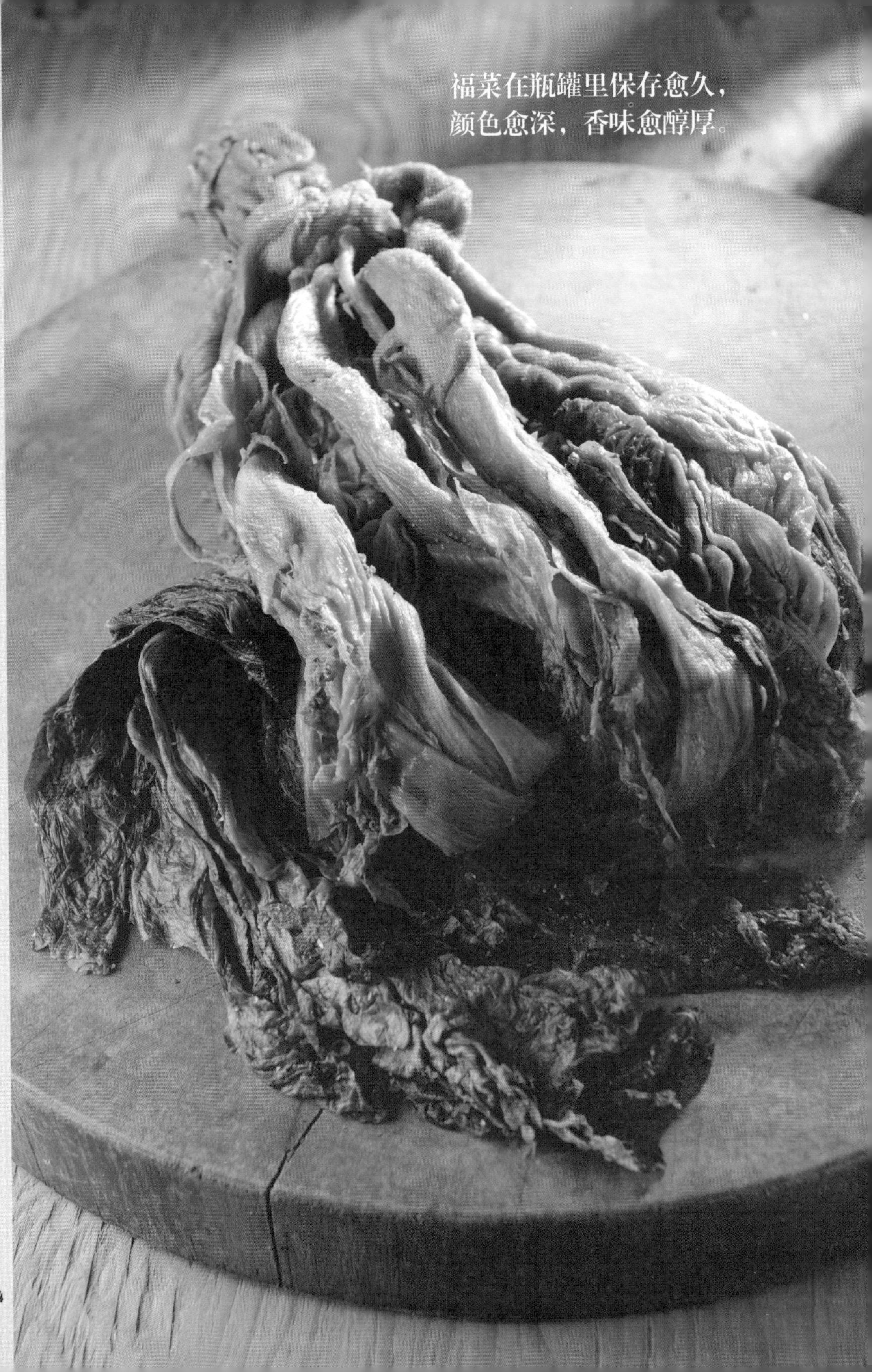

福菜在瓶罐里保存愈久，
颜色愈深，香味愈醇厚。

（福菜）

瓶罐里熟成的回甘醇味

　　早期在没有酸菜的日子，或者蔬菜比较少且较贵的季节，就看到母亲从回收的酒瓶里挖出一些土色的干燥蔬菜来煮汤喝，那种回甘的味道令人回味不已。当时只知它是酸菜的一种，为了便于保存就把它晒干，等家中没有菜时才拿出来吃。当时因冰箱不普及，为了不浪费食材、节省成本，都是找旧的玻璃瓶罐洗干净来装存。因为形状不拘，大小不一，摆在一起也很有艺术感，所以目前在台湾有人将其统称为瓶子菜。用来装菜的玻璃瓶瓶口一定要小，主要原因是酸菜干挤压满到瓶内后，能达到半真空状态，最后瓶口处放入一点香油，或盐，或米酒用来封口，最后再加封瓶盖即完成。祖先利用香油、米酒或盐来做空气的阻隔物是很聪明的做法，因为它们本身不是防腐剂，都是可吃的调味剂，与要保护的菜能融合而不冲突。

制作流程

芥菜晒软

加盐揉软出汁

放入容器、加盐层层堆叠

重压 3 ~ 4 天

发酵 15 天

日晒

重复日晒

切割

瓮藏（瓶藏）

完成

成品分量 酸菜的 1/2

制作所需时间 2 ～ 3 个月

保存时间 约 1 个月

材料 芥菜 1.8kg

盐 2%（搓软用）36g

10%（盐渍用）180g

做法

1 芥菜自田园采收之后，日晒 1 ～ 2 天进行萎凋作用，让菜变软。

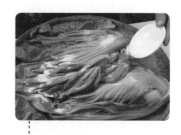

2 晚上收回后，抹上盐揉一揉。

3 揉至芥菜变软出汁。

福菜

4 放进容器里排好，以一层芥菜一层盐堆叠至满。

7 正常情况下以 15 天的腌渍酸菜最好。

5 最后在芥菜上反扣盘子。

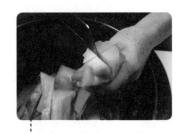

8 将腌渍好 15 天左右的芥菜，在中间菜根部分划十字刀。

6 再压上重物。晴天压 3 ~ 4 天，阴天则需 7 天左右。

9 将酸菜挤去水分，挂于竹竿或篱笆上日晒约 2 天时间。第一天收回时，不要加盐用手搓揉，帮助发酵。

10 隔日取出酸菜再日晒，傍晚收回再腌渍，如此工作要持续3天。经过第四次日晒后至叶片干爽软韧即可。

11 干燥酸菜撕成一条条塞入瓮或瓶中。用竹枝用力挤实至毫无空隙，直到塞满为止，如此瓶外的杂菌便无法进入瓶中。若有空隙，酸菜会发黑、腐败。

12 不一定要倒置，放于阴凉处发酵至少3个月。

13 保存2~3个月的时间，即为福菜。保存愈久，颜色愈深，香味愈醇厚。

 注意事项

酸菜干塞瓶时，一定要紧塞，菜叶片间不要残留空气，否则很容易发霉。

烹调运用 福菜卤肉块、福菜五花肉片汤、客家焖笋

✣ 福菜肉片汤食谱

材料

五花肉 100g

福菜 50g

姜丝 15g

高汤 600ml

调味料

盐 1/2 小匙

酒 1 小匙

香油 1 小匙

做法

1. 将五花肉用水洗净，切片放入滚水氽烫，捞出备用。

2. 福菜洗净，切丝，若太酸太咸，可用水浸泡一下。

3. 锅中倒入高汤，再放入福菜丝煮开。

4. 加入五花肉片及姜丝煮滚，再加入调味料拌匀即可。

注意事项

✣ 要买新鲜的五花肉，氽烫熟，取出蘸客家桔酱很好吃。

✣ 福菜切丝或切段皆可。

✣ 用煮鸡、鸭、鹅的新鲜高汤煮最好吃。

（梅干菜）

发酵过的陈香

　　以前祖母在做正餐时，常会到床铺边打开地上的盖子，取出一捆黑黑的菜，解开洗干净后，就用刀子剁碎，再拌入一些新鲜的绞肉，贴放在碗的内缘去蒸熟。当时只知道这是好吃的蒸肉，每次可多吃几碗饭，后来才知道这就是祖母拿手的梅干扣肉。而祖母从地面掀盖，是为保持一定的温度来保存梅干菜而挖了一个洞，并放了一个瓮埋在地底下，做出像地窖一样的效果。

　　而且梅干菜越陈越香，颜色越深越香，那种发酵过的陈香，非常具有特色。

梅干菜颜色越深越香，
是梅干扣肉的美味灵魂。

制作流程

芥菜晒软

▼

加盐揉软出汁

▼

放入容器、加盐层层堆叠

▼

重压 3 ~ 4 天

▼

发酵 15 天

▼

日晒

▼

重复日晒

▼

切割瓮藏

▼

日晒

▼

捆扎

▼

封存

▼

完成

梅干菜

食谱

成品分量　同福菜的分量

制作所需时间　约 1 个月

保存时间　3 个月以上

材料　芥菜 1.8kg

盐 2%（搓软用）36g

10%（盐渍用）180g

做法

1 芥菜自田园采收之后，日晒 1 ~ 2 天进行萎凋作用，让菜变软。

2 晚上收回后，抹上盐揉一揉。

3 揉至芥菜变软出汁。

Chapter

1 叶菜类

4 放进容器里排好，以一层芥菜一层盐堆叠至满。

7 正常情况下以 15 天的腌渍酸菜最好。

5 最后将芥菜上反扣盘子。

8 将腌渍好 15 天左右的芥菜，在中间菜根部分划十字刀。

6 再压上重物。晴天压 3 ~ 4 天，阴天则需 7 天左右。

9 挂于竹竿或篱笆上日晒，傍晚收回家再堆叠腌渍，一层酸菜一层盐堆叠，上面要放重石压并盖封口布。

梅干菜

10 隔日取出酸菜再日晒，傍晚收回再腌渍，如此工作要持续3天。经过第四次日晒后，福菜即将制作完成，此时继续放在太阳下日晒，让它晒干至完全干燥时，菜叶呈深咖啡色。

11 完全干燥时，再捆扎起来放入密封罐中储存，即成为风味醇厚的梅干菜，可以保存更长的时间。

捆扎方法

先将一片片的梅干菜排整齐。

将尾部向内折1/3。

接着再将头部往内折1/3。

取一条梅干菜，捆扎起来。

再将尾端塞入结中即完成。

放入密封罐中储存，即成为风味醇厚的梅干菜，可以保存更长的时间。

✤ 其他做法

材料

小芥菜 1kg

盐 20g（搓揉用）

盐 50g（盐渍用）

注意事项

一般用芥菜来做梅干菜，腌渍的原理制作方法都相似。

做法

1. 将小芥菜洗净、沥干、脱水后放入容器中，加入 20g 盐，杀青 30 分钟，再挤出水分。

2. 再用重物压 7 天，每天翻动一次。

3. 取出后，日晒约 5 日后，将其余盐涂于晒干的菜叶上，卷成扎实长柱型绳结状，放入罐中保存。

烹调运用

✤ **梅干扣肉食谱**

材料

五花肉 500g

梅干菜 250g

香菜 30g

色拉油 60ml

切碎蒜末 10g

切碎姜末 10g

红辣椒（切段）10g

调味料

细砂糖 5g

米酒 2 大匙

鸡粉 5g

酱油 3/2 大匙

做法

1. 先将梅干菜洗净，泡水 10 分钟，挤干，切段备用。

2. 热锅，加入色拉油，先将蒜末、姜末、红辣椒爆香，放入处理好的梅干菜及调味料拌炒。

3. 五花肉洗净，先氽烫 15 分钟，捞出放凉再切片，再用酱油腌 10 分钟。

4. 热锅，加入色拉油，将切好的五花肉翻炒至香备用。

5. 准备一个扣碗，底层排入已炒过的五花肉片，上面再加入已炒过的梅干菜，并压紧。

6. 放入蒸笼中蒸约 2 小时，取出倒扣于盘中，最后加少许香菜即可。

注意事项

✤ 梅干菜若没有霉味，这道菜就是成功的，所以选择材料很重要。

✤ 蒸的时间要足够，肉要烂，梅干扣肉有些油才会香。

梅干菜

青翠的雪里红，配上一、两条红辣椒
快炒，就是下饭的家常小菜。

（雪里红）

片刻即成的腌渍青蔬

　　雪里红是很美的名字，我在读大学的时候才认识它，与清粥小菜搭配尤为出色。平常到传统市场买菜时常看到菜贩用桶装着腌渍出汁的雪里红，或用塑料袋装着一包包的雪里红，袋中还很贴心地附上一、两条红辣椒，至今印象还很深刻。以前只会买来炒食，后来刻意找长辈学如何做雪里红才知道一点都不难，看见长辈甚至用白萝卜叶来做，风味也很好。制作雪里红的关键是要掌握先软化蔬菜的纤维及盐腌的重点，否则在腌渍时，食材一定很容易折断而残缺不美观，而且风味会不一样。有机会到市场看看专家做的雪里红，你就会明白。

制作流程

小芥菜挑拣洗净沥干

均匀撒上盐

搓至软化

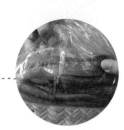

静置出水

挤出水分

完成

食谱

⚖ **成品分量**　400g

🕐 **制作所需时间**　1 小时

🍚 **保存时间**　15 天

📋 **材料**　小芥菜 600g

盐 50g

水 500ml（可不加）

👥 **注意事项**

✤ 在腌渍雪里红的过程中，我们也可以不用将盐直接撒于小芥菜外表，直接用手轻轻搓揉至出水。而是将盐放入水中，搅拌至溶解，然后将洗净的小芥菜放入盐水泡至微软。

✤ 没有小芥菜时，有人也用油菜或萝卜叶代替小芥菜来腌渍雪里红。

🍳 **做法**

1　小芥菜去掉蒂头，挑去剥除较老的菜叶，洗净沥干备用。将盐均匀撒在小芥菜上轻轻搓揉。

2　搓揉至软。

3　将小芥菜放入塑料袋中。

雪里红

4 封口、静置出水。

5 倒掉盐水，将芥菜搓揉均匀至软化，再挤出多余的水分即可。

烹调运用

雪里红肉丝、雪菜肉丝面

✣ **雪菜肉丝面食谱**

🍲 **材料**

雪里红 100g

瘦肉条 100g

面条 200g

红辣椒 1 根

色拉油 30ml

😋 **调味料**

酱油 2 小匙

淀粉 10g

白砂糖 5g

盐 3g

高汤 500ml

⚙ **做法**

1. 先将雪里红洗干净，挤干切碎，红辣椒洗净去籽、切丝。

2. 瘦肉条加酱油、淀粉抓拌，腌 10 分钟入味。

3. 锅中热油先爆香红辣椒，再放入瘦肉条快炒，再加入雪里红翻炒，最后加入调味料拌炒即可。

4. 面条用滚水煮熟，捞起放入凉水中冲散，再捞起置于已装有高汤的汤碗中，最后加入已炒过的雪里红瘦肉条汤即可。

🍽 **注意事项**

雪里红要洗干净才不会有杂味，炒的时候加些红辣椒及白砂糖，水分尽可能少，但不要炒太久，以免菜色变黄。

（酸白菜）

每一口都是鲜香开胃

　　酸白菜是典型的腌渍菜，加工步骤简单，在家中很容易做，但在制作腌渍时，控制发酵环境要有技巧，主要在于如何控制乳酸菌产出的酸度，有些用外加的酸度快速替代发酵的酸度，这种做法的风味会有很大差异。一般会因发酵变酸不足而少量外加酸度来源，但整体协调度一定会不好，只要多品尝便可分辨出差异。所以民间流传最好要用第二遍的淘米水，而且最好用冷开水洗出的淘米水，就是这种道理。淘米水内含有多种微量元素，适合乳酸菌的生长，而用冷开水又可减少杂菌污染，盐也有抑制杂菌生长的作用。

腌好的酸白菜可以在冰箱中保存半年不坏，是
鲜香开胃的北方酸菜火锅的主角。

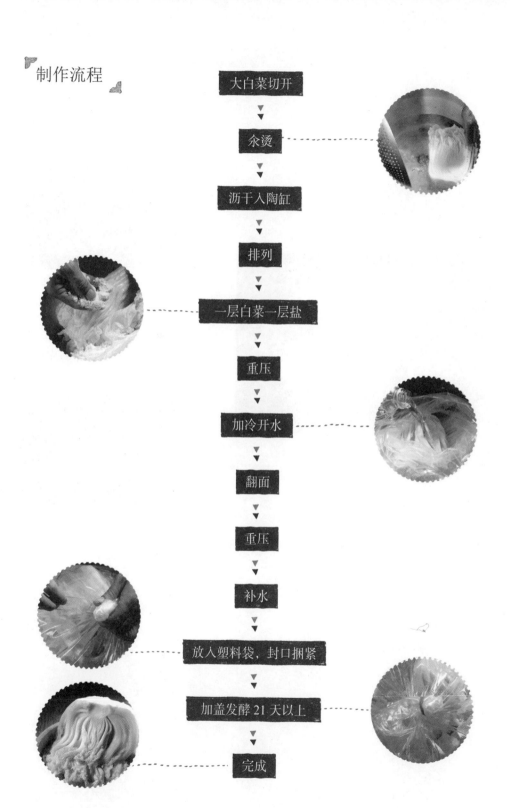

制作流程

大白菜切开
▼
氽烫
▼
沥干入陶缸
▼
排列
▼
一层白菜一层盐
▼
重压
▼
加冷开水
▼
翻面
▼
重压
▼
补水
▼
放入塑料袋，封口捆紧
▼
加盖发酵 21 天以上
▼
完成

酸白菜

食谱

成品分量   3.6kg

制作所需时间   2 ~ 10 天

保存时间   15 天

材料   长形山东大白菜 6kg

滚水 1 大锅 (约 12kg)

冷开水 1 大盆 (约 6kg)

盐 1 碗 (约 250g)

(也可额外加醋或加酸奶、甜酒酿、高
粱酒糟)

工具   陶缸 1 个

盘子及石头

做法

1 大白菜直立对分两半
(也可以直接一片片剥
下)，然后将剥开的大
白菜放入煮开的滚水中
汆烫。

2 正反两面皆烫 20 秒左
右，捞出来沥干。

3 扣放在陶缸里，以菜叶
向里面的方式排列白

菜，每排放一层，便撒上一把盐。或拉开每一片菜叶，抹上盐，直到全部完成，放入塑料袋中。

4 全部排放好后注入冷开水（或加些醋或酸奶），水一定要盖过叶面。最上面压一块大石头或盘子。2～3天后打开盖子查看。将菜上下翻一翻，将盘子和石头重新压回白菜上。这时要确定缸里的水已足够盖过白菜，如果不够就加入冷开水直到水能盖过所有白菜为止。每隔1～2天就要观察确保水都能盖住白菜。如果没有就继续补水。通常在这

个时候白菜会出很多水。缸不要装太满，否则此时菜汁很容易流出来。如果水太多，可以捞掉。缸里如果有白色的泡泡或薄膜飘在上面，也要捞除。

5 加盖封口并以绳子捆紧，加盖封约21天以上（或盖上腌缸盖子，盖子不需要很紧，只要能盖就行）就可以开缸验收成果；或将塑料袋以橡皮圈绑紧放置发酵21天。若有加醋或酸奶发酵的酸白菜，大约5～7天后（视温度而定）尝尝白菜的味道，如果达到你喜欢的酸度就算腌好了。

注意事项

✧ 腌渍酸白菜要用长形的山东大白菜效果才会好，不但味道清香，腌渍再久也不会软烂。一般包心菜较不耐腌，而且开缸时外层的菜叶容易糊掉。

✧ 腌酸白菜跟腌泡菜一样，不能碰生水、雨水和油水，所以加在缸里的水一定要用冷开水。至于压酸白菜的大石头也可以用塑料袋包着砖头代替。

✧ 腌渍酸白菜的吃法很多：

　　1. 切丝下锅伴着五花肉片、粉丝和木耳丝同炒，是年菜桌上的开味妙品。

　　2. 放在大骨汤中一起熬煮，再加牛肉、羊肉、熟的五花肉片、蛤蜊、海参、豆腐、干贝、虾米、炸肉丸、炸鱼脯，便成为鲜香开味的北方酸菜火锅。

✧ 腌好的酸白菜要放冰箱。腌菜的水一定要盖过菜，菜才不会坏。腌好的酸白菜可以在冰箱中保存半年不坏。

烹调运用

✧ 酸白菜火锅食谱

材料

酸白菜 300g

五花肉 1kg

千页豆腐 1 块

高汤 1200ml

调味料

酸白菜汤汁 5 大匙

鸡粉 1 小匙

盐 1/2 小匙

做法

1. 酸白菜洗净、切块。五花肉洗净、切薄片，或直接买火锅用肉片。千页豆腐洗净、沥干、切块备用。

2. 锅中放入高汤煮滚，再加入其余的酸白菜块、酸白菜汤汁、五花肉片、千页豆腐块加热后，再放入其余调味料调味，即可加入火锅料煮熟食用。

注意事项

✧ 在家中可随自己喜好，加入家人喜欢的火锅配料，如丸子、甜不辣、千页豆腐、魔芋、鸭血、猪血或可以涮的各种口味的薄肉片。

✧ 看到肉片由红转白时就可以准备随时夹起蘸酱了。

（台式泡菜）

臭豆腐的最佳配菜

　　一般称为速成泡菜，是常用于炸臭豆腐的配菜，也是一般小餐厅招待用的开胃菜，是非常大众化的小菜。由于它腌渍时间短并没有真正发酵，只是靠糖、醋的比例是否协调起作用，所以添加的醋对风味影响很大，使用醋要选择对，一般人喜欢用糯米醋，我个人则建议用陈年醋，风味会较柔、较适中。而且醋的酸度（一般市面上有 4.5 度及 6 度的两种，酸度 10 度的较少，多用于加工领域）会影响添加量，要特别注意。另外做泡菜绝对不要为省钱而添加醋精（冰醋酸），很容易伤身体、伤肠胃。如果不喜欢醋酸，也可以用新鲜柠檬榨汁来替代，风味会有点差别，但很健康。

常用于炸臭豆腐的配菜，
也是一般小餐厅招待用的开胃菜。

制作流程

卷心菜挑拣

▼

剖开剥薄片

▼

洗净沥干

▼

卷心菜片和红萝卜丝放入塑料袋

▼

加盐

▼

摇匀

▼

搓揉压

▼

静置30分钟出水

▼

倒出盐水

▼

沥干脱水

▼

加入调味料与配料拌匀、搓揉

▼

冷藏

▼

完成

台式泡菜

食谱

成品分量　原料量的 60%

制作所需时间　1 小时

保存时间　7 天

材料　卷心菜 1 颗

（1.8kg ~ 2.4kg）

红萝卜 1 根

（约 60g，刨成丝状）

红辣椒 1 根

（约 20g，去籽、切丝）

老姜 1 段

（约 40g，拍碎、剁末）

盐 2% 36g ~ 48g

调味料　盐 40g

细砂糖 90g

陈年米醋 9 大匙

做法

1 取整颗新鲜卷心菜，先剥去品相不好的外叶部分，再用刀对半切开，用手将叶片剥成小片，叶梗部分最后再用刀切成薄片，然后用冷开水洗净、沥干。

2 再将洗净沥干、已撕片的卷心菜和红萝卜丝放入大塑料袋中。

5 将杀青用的盐水倒出，若太咸则以冷开水冲洗，再沥干脱水。

3 加入盐混拌均匀。

6 将已杀青又脱过水的卷心菜，加入细砂糖摇匀，可试吃。

4 稍微搓、揉、压约 30 分钟以上，至卷心菜出水。

7 再加入陈年米醋。

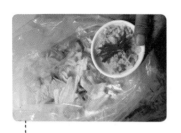

8 最后再加入已处理好的
红辣椒丝和老姜末。

9 混匀再搓揉静置 10 ~
30 分钟。放置于冰箱内
冷藏 12 小时即可食用，
最好 7 天内吃完。

（广东泡菜）

糖醋风味开胃小菜

　　广东泡菜，是以糖、醋汁去腌渍，以白萝卜、胡萝卜、小黄瓜为主体食材，辣椒及嫩姜为配角。形状多变，片状、菱形、多边形、橄榄形都可以，主要食材要新鲜才会脆而爽口，糖醋比例协调才不会味道突兀，盐杀青要彻底，而且要把杀青盐水洗掉，水分要沥干。

　　记得在大学时代第一次在台北合江街的香港烧腊店接触到广东泡菜，味道非常惊艳，爽口又酸甜适中，而且不是印象中的蔬菜叶类，当时无法理解如何才能做出这么好吃的泡菜，直到进入食品界从事微生物应用工作后，终于明白腌渍的做法。至于配方中加嫩姜或话梅，主要是为了添加风味，不加也可。如果喜欢吃辣，辣椒可多加，但辣椒籽要去掉。

广东泡菜爽口又酸甜适中，
味道非常惊艳。

制作流程

所有材料洗净、去皮、去蒂、去籽

切片或切段

放入塑料袋

加盐搓揉至软

静置 30 分钟出水

倒出盐水

用冷水清洗

沥干

加入配料和调味料拌匀

冷藏

完成

广东泡菜

食谱

成品分量 同材料总量

制作所需时间 1 小时

保存时间 7 天

材料
红萝卜 1/2 根（100g）
白萝卜 1/2 根（200g）
嫩姜 1/2 块（50g）
小黄瓜 1 根（100g）
红辣椒 1 根（20g）

腌渍料 盐 1 大匙

调味料 醋 4 大匙
细砂糖 5 大匙
话梅 3 粒

做法

1 将所有材料洗净，红、白萝卜去除外皮，小黄瓜去头尾。均切成菱形片或以滚刀切片。

2 红辣椒去蒂去籽。

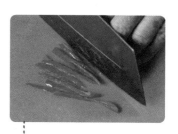

3 红辣椒切成细丝。

4 将所有材料装入塑料袋，加入盐，腌渍搓揉30分钟使材料变软。

7 将所有材料放入塑料袋中，加入话梅。

5 30分钟后倒掉盐水，放入冷水中浸泡、清洗。

8 再加入嫩姜片。

6 冲掉多余盐分、倒入滤网中沥干。

9 加入细砂糖。

10 加入醋。

12 将水分挤出。冷藏腌渍1天即可食用。

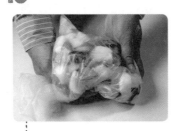

11 混合均匀。

👫 **注意事项**

腌泡菜加入几粒话梅可提出泡菜的甘味，若加入少许腌过的嫩姜，可让泡菜更够味，还能去除红萝卜特有的涩味。

（韩式泡菜）

浓艳的韩式风味

　　韩式泡菜，是以韩国口味为主的泡菜，其制作过程与台式泡菜相似，只是在制作材料中加入了大量的辣椒粉及我们较少用的鱼露，另外多了些辛香料及苹果，食材较复杂。由于在腌渍时是用调好的酱料去涂抹每片菜叶，接触面积较多且均匀，口感自然会较入味，产品颜色也较浓艳。

　　韩式泡菜因为是发酵的泡菜，所以会产生相当多的乳酸菌，这也是韩国一直标榜泡菜好处的原因，但是如果在吃泡菜时，用煮火锅方式加热煮熟食用的话，只是吃到韩国泡菜的口味而已。

韩式泡菜的材料中加入大量的辣椒粉及
我们较少用的鱼露，另外多了些辛香料及苹果。

制作流程

大白菜洗净、切段

↓

加盐搓软出水

↓

洗净沥干

↓

用冷开水将盐分洗掉

↓

倒出盐水

↓

沥干脱水

↓

 加入调味料与配料拌匀、搓揉

↓

酱汁涂抹在菜叶上

↓

加入配料拌匀

↓

放入塑料袋，绑紧

↓

发酵 12 小时

↓

完成

食谱

📷 成品分量　　同材料总量

🕐 制作所需时间　　2 小时

🍲 保存时间　　15 天

📋 材料　　大白菜 2.4kg

红萝卜丝 200g

白萝卜丝 100g

姜末 30g

蒜末 100g

葱 5 根

盐 40g

细砂糖 45g

鱼露 120ml

韩国辣椒粉 100g

苹果 1 颗

糯米粉 45g

水 200ml

🔧 做法

1 首先将大白菜洗净，剖半或切成一段一段，先用盐把大白菜搓软出水，使白菜入味，再用冷开水将盐分洗掉，沥干。

2 可使用料理机搅拌处理，先加入一些红萝卜丝及白萝卜丝、苹果块、姜末、蒜末。

3 加入盐、细砂糖。

6 再加入水搅打均匀。

4 加入鱼露。

7 糯米粉加水拌匀。

5 加入韩国辣椒粉。

8 将糯米粉糊加入料理机里，与酱料再次搅打均匀。

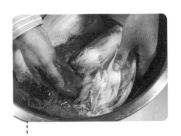

9 酱汁均匀涂抹在大白菜叶上，每片都要均匀抹上酱汁。

10 将红萝卜丝及白萝卜丝放入剩余的酱汁中。

11 再加入葱段，用手直接不停翻搓至所有调味料拌匀为止。调味料可视个人喜好加以调整。

12 将杀青的白菜片及所有调味材料装进塑料袋里绑紧，放置于阴凉处发酵约 12 小时，即可食用。觉得不够酸可以多发酵几个小时再打开袋子。因环境不同，需自己去拿捏发酵时间（夏天较热，发酵时间应较短，否则会变得酸臭）。

注意事项

✣ 也可将大白菜对半切开，用盐腌或热水迅速汆烫过。让白菜叶迅速软化并取得杀菌作用。

✣ 可加苹果、水梨，也可加入洋葱或韭菜，根据个人喜好增减。

✣ 可在制作时加入稀饭，与加入糯米粉的作用相似，可帮助发酵。

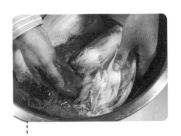

Chapter

1 叶菜类

（黄金泡菜）

韩式与台式融合的美味

　　记得在某年夏天，在职训授课的课堂上，有一位同学带来他做的黄金泡菜来考我，因为已在网络上出售，我也没多问只给予祝福，课后我查了很多资料，也试验了不少做法，发现黄金泡菜充满韩式泡菜风味浓郁的风格，但也具有台湾泡菜的风味特色，是值得推荐的一个简单又好吃的产品组合。金黄色的来源是红萝卜及芝麻酱。故如果要金黄色更浓，红萝卜可多加些，另外芝麻酱一定要买新鲜浅土色或土黄色的，不要买到偏咖啡色的，否则会影响整个产品的色泽及口感。而且芝麻酱开罐时一定要将最上面一层油和沉于底部的芝麻酱混合均匀再使用。

黄金泡菜，其金黄色来源
于胡萝卜及芝麻酱。

制作流程

卷心菜去蒂、挑拣

洗净、沥干

撕成片状

放入塑料袋

加入盐

摇匀、静置半小时至软化

挤压、沥干盐水

搅打酱料

卷心菜和酱料拌匀

冷藏1天

完成

食谱

📇 **成品分量**　　约 1kg

⏱ **制作所需时间**　　1 小时

🍲 **保存时间**　　15 天

🗄 **材料**　　卷心菜 1kg

　　　　　　盐 2% 20g

🎚 **调味料**　　米醋 120g

　　　　　（使用酸度为 4.5 度的米醋）

　　　　　　细砂糖 70g

　　　　　　芝麻酱 80g

　　　　　　蒜头 30g

　　　　　　红萝卜 150g

　　　　　　香油 60g

　　　　　（液体请用称的重量）

　　　　　　朝天椒粉 10g

　　　　　　盐 10g

🔘 **做法**

1　卷心菜切除蒂头。

2　并切出缺口。

3　第一层绿叶最好舍去，剥成大片洗净沥干。

4 将菜叶用手撕成片状，中间叶梗太厚者用刀切成两片。

7 至软化后，挤压沥干。不需要冲洗，咸度应刚好。

5 装入 6kg 塑料袋备用。塑料袋中放入卷心菜片后，加入盐。

8 料理机放入米醋、红萝卜丝、蒜头、细砂糖、香油、芝麻酱搅打成糊状。红萝卜丝多放一些颜色会更好看，蒜头需切碎再打。

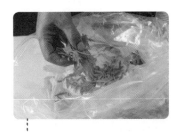

6 放入红萝卜丝，摇匀混合静置半小时。

9 芝麻酱最好先搅匀再放
入果汁机内。

11 将酱汁加入沥干的卷心
菜中。

10 加入朝天椒粉拌匀成为
酱料备用。

12 和酱料拌匀即可食用，
但放置隔夜食用味道较
佳，一天后更好吃。

注意事项

✤ 卷心菜不宜剥太小片，太小片容易变烂影响口感。

✤ 若料理机用完有异味，加入柠檬水打 30 秒即可去除。最好用料
理棒打浆。

（冲菜）

过瘾的呛鼻美味

　　冲菜是一种很奇妙的形成结果，二十多年前第一次接触它的时候，以为是办公室同事开玩笑，同事拿芥末粉撒到绿色的蔬菜中，虽然有强烈的呛鼻味道，但是吃起来非常过瘾。后来经过同事的示范教学，才知道原来制作方法那么简单，但是要每批都成功做出味道浓呛的冲菜也不容易，要多做几次才会有心得。至于调味料的部分，值得读者再开发多种口感和吃法。

　　读者在第一次做冲菜时，一定要买对食材，若无法判断时一定要开口问卖家，甚至问明白做法，或许有意想不到的收获。有些人也会用小芥菜芽做冲菜，你也不妨试试看！

冲菜是只用一种食材
做出来的过瘾美味，
关键在于制作技巧。

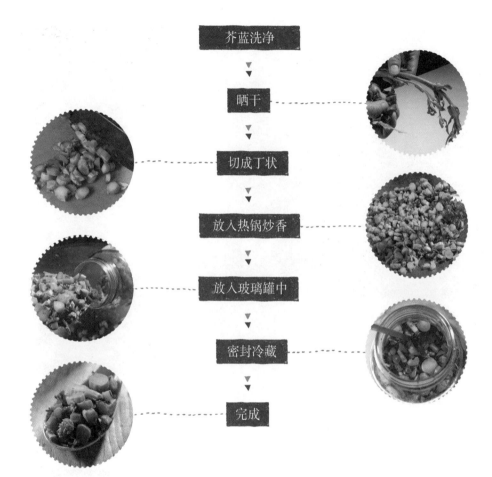

芥蓝洗净

晒干

切成丁状

放入热锅炒香

放入玻璃罐中

密封冷藏

完成

冲菜

食谱

🔲 **成品分量**　450g

🕐 **制作所需时间**　1 小时

🍲 **保存时间**　7 天

🔲 **材料**　芥蓝 600g

🔲 **调味料**　酱油 1 大匙
　　　　　　香油 1 大匙

🔲 注意事项

✤ 冲菜在食用时可直接蘸酱吃或用来炒菜、煮汤
　吃皆可。

✤ 清洗后的菜，一定要干燥才会有冲味出现。

✤ 炒干后要记得用瓶密闭封装才容易有冲味。

✤ 酱油及香油是做完冲菜要吃的时候才加入的拌
　料，不是装罐时就加入。

🔲 做法

1 先将芥蓝去除老叶、洗净，放置于太阳下充分曝晒至脱水。

2 再切成丁状备用。

3 热锅，放入芥蓝干炒。

4 炒至干燥有香气，盛起。

6 用汤匙将芥蓝压实，移入冰箱密封保存。等食用时，再加入调味料即可。

5 趁热放入适当大小的玻璃容器。

烹调运用

✤ **开胃冲菜食谱**

🟦 **材料**

冲菜 600g

🟦 **调味料**

酱油 30ml

香油 20ml

◎ **做法**

将做好的冲菜放入盘中，加入调味料拌匀即可。

🔖 **注意事项**

冲菜不可有水分，否则容易坏而且芥末味容易流失。

根茎

类

Chapter 2

选择当季生产的根茎类蔬菜做腌渍品，鲜甜爽脆又便宜。

我们在制作腌渍品的时候，绝大多数的人都是萧规曹随地去模仿教导他的师傅，或用听来或看到的配方。对为何要这么处理？为何要如此添加？或为何会产生这样的变化？却很难回答上来，这也是我早期常面临的问题。所以，我在此也整理一些对腌渍品有兴趣的读者应该要认识的腌渍学理，以方便日后在实操时能边做边领悟，当面临创意开发时有所依据，减少失败。

大家一般都了解叶类、根茎类蔬菜的腌渍原理，主要是利用食盐、糖、醋等的高渗透压作用、微生物发酵作用和蛋白质的水解作用，以及其他一系列的生物化学变化，使被腌渍的产品得以保存，也因此产生独特的色、香、味。

而所谓的渗透作用，在学理上的解释是：当两种含有不同成分的溶液或不同浓度的溶液放在一起时，立即会引起相互扩散作用，直到成为均一溶液为止。若用半渗透膜将两种溶液隔开，则因溶液的性质不同及所用半渗透膜性质的不同，会发生不同的渗透过程，直到达成平衡为止，这种现象通称渗透现象。溶液具有的这种性质，称为渗透性质。而渗透压则是溶液这种渗透性质大小的量度。新鲜蔬菜的细胞膜具有半渗透膜作用，所以具有半渗透膜性质，腌渍菜的生产正是利用了渗透压这一性质。

常用的腌渍方法可分为：**盐渍法、糖渍法、醋渍法及混合运用法。**

而盐渍的原理是因食盐的渗透压高，故而使蔬菜组织中含有的部分水分与可溶性物质从细胞中渗出，盐分透入，使制品获得咸味，形成风味，达到防腐作用。

糖渍的原理是在蔬菜中加入一定量的糖，使它的渗透压增高，从而达到抑制微生物增殖、提高食品耐藏性的目的。

醋渍的原理是利用醋酸或乳酸对有害微生物的抑制作用，达到保藏腌菜的目的。一般 1% ~ 2%的醋酸就能抑制多种腐败菌的发育，如果浓度提高到 5% ~ 6%时可使许多细菌死亡。若腌渍液的 PH 值控制在 4.5 以下时，能够有效抑制一般的有害微生物。而且蔬菜中的维生素 C 在酸性环境下较稳定，醋渍有利于保持维生素 C，提高腌渍品的营养价值。

白萝卜的一生

早期农业社会，尤其是客家家族，在第二期稻作收割后，利用春耕之前的空档，在田里大量栽种白萝卜，可于平时当蔬菜或酱泡菜用。而春节时，加入籼米做成萝卜糕，可作为祭祀用品及点心，并又可将多余的白萝卜晒干，变成萝卜钱、萝卜干或萝卜丝，除便于保存外，还可供做菜包或肉粽等点心的内馅使用。

在台湾，萝卜的生产虽然有季节性，但可以通过自由贸易大量进口一些农产品，目前在市面上几乎整年都有萝卜供应，只要喜欢随时都可以买到。只是如果要用来做腌渍品，最好选择应季的蔬菜来做，这样不但会鲜甜好吃，也会较爽口厚实有脆度，更重要的是食材的成本也较便宜。

萝卜的产品应用很广，为了保存方便又有独特风味，所以制成了萝卜干、萝卜钱、萝卜丝。除此之外，樱桃萝卜除可做一般料理外，还可拿来做腌渍产品，色泽漂亮，更爽口好吃。一般市面卖的萝卜，除常配排骨或大骨熬汤外，还可做广东泡菜或福神渍的腌渍产品及日本口味的关东煮，非常有特色。小时候我妈就常用萝卜做成红烧的料理，它类似冬瓜封的做法，很具客家特色。不过萝卜本身因品质、密度不同，再加工过程的切割大小、厚薄程度及日晒干燥度的不同都会影响收成率，所以书中所列之成品收成率仅供参考。

萝卜干腌渍时需经过重压过程，
才会有香味散发出来。

（萝卜干）

越陈越香的菜脯

在乡下，每当萝卜盛产季节，天气放晴的日子，便可看到街头巷尾到处有人晒萝卜干，一方面是传承长辈的教导，另一方面是因为吃自己腌的安心。从早期放在晒谷场晒或挂在篱笆上晒，到现在因为注意到食品安全与食品卫生，晒前会在地面先铺上一层网，或在半成品上盖上一层网，这就是社会的进步。当食品卫生及安全意识越来越受重视之际，自己腌渍的产品将会越来越流行。早期我常常会跑去品尝伯母们正在晾晒的萝卜干，那种独特的萝卜香气令人回味不已，至今很少再碰到如此的风味，依我的经验来看应该是天时、地利与物和的关系——好的气候，好的土地种植及好的品种，再加上伯母们好的腌渍技巧。

这几年在教授中式米食丙级证照的课程中，时常会用到萝卜干，我曾经想过要好好专注地腌渍萝卜干来做出好吃的米食配料，但因为教学工作的关系，时间、地点及课程无法配合，而无法达到我想要的水准，我只好直接买现成的来用，却风味不佳，又担心买来的现成萝卜干残留过多的杂菌与防腐剂。

　　所以读者若自己腌渍，你会很清楚其中只需加入盐分而已，其余就是自己动手加工及靠天然的太阳晒干就能完成。你可以选择不要加过多的盐分，自己控制咸度，没有外加防腐剂，也没有加色素，更没有加入改良剂，也不会选用到品质很差的食材，这样可以让自己及家人吃得放心。

　　在晒萝卜干的时候，先用刷子将萝卜外皮彻底刷洗干净，表皮不必削。加工前先要看萝卜的大小来决定加工方式，小条萝卜大约长度在 20 厘米，肉质会较厚实，直接从长端头尾对切成 4 片长条形；太大条的萝卜肉质一般不够扎实，有时多半是先拦腰一切，再切成 8 片长条形，然后用盐杀青脱水再晒。晚上盐腌一定要用压的，奇怪的是腌制萝卜时，不压就不香，自己试试看吧！

　　随着保存时间的拉长及对保存环境条件的掌控，萝卜干的风味会越陈越有香味，成品的色泽会越变越深，但如果保存不当，会产生霉味，脆度及爽口度也会降低，并不是每个人都喜欢陈年的味道。所以个人认为萝卜干还是越新鲜越好，尽量买刚做好的较安全。至于市面上流传的陈年黑色萝卜干，各有说法，一般民间说法是可以治咳、解酒，可遇不可求，除非熟识，不然不要花了大钱，却买到作假的产品。

制作流程

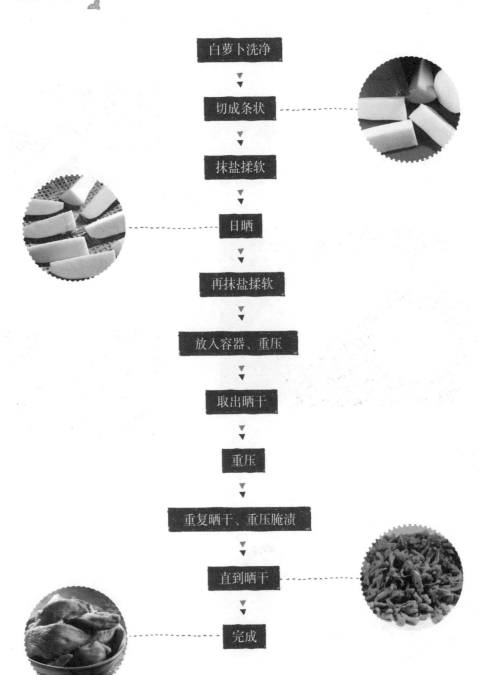

白萝卜洗净

▼

切成条状

▼

抹盐揉软

▼

日晒

▼

再抹盐揉软

▼

放入容器、重压

▼

取出晒干

▼

重压

▼

重复晒干、重压腌渍

▼

直到晒干

▼

完成

萝卜干

食谱

成品分量 原料量的 40%

制作所需时间 约 7 天

保存时间 1 年

视成品萝卜干的干湿度及咸度而定，压实于瓶中，减少空气保存最好，保存于冰箱冷冻或冷藏皆宜。

材料 白萝卜 6kg

盐 2%（搓软用）120g

4%（腌渍用）240g

做法

1 将白萝卜清洗干净，剖开呈 4 片长条，再对半切成 8 份。

2 抹上 120g 盐揉软，日晒一天，晚上收回。

3 再加 240g 盐揉软，放进容器里用重石压住腌渍一晚，第二天再拿出去晒干。

4 重复步骤 3，白天晒，晚上用重石压着腌渍，直到晒干，即为成品。

注意事项

✦ 若觉得晒干的萝卜干太大块，则可切小条或切成碎萝卜。

✦ 处理白萝卜一定要有压的动作，这样萝卜气味才会香。

✦ 一般瓮藏 3 个月左右比较好吃，颜色为土黄色，不要太深，刚做好的风味会较淡，随着保存时间的增长，它的风味会逐渐变浓、变陈香。

萝卜干

烹调运用

豆豉菜脯炒小鱼干、豆豉辣炒菜脯、菜脯炒丁香鱼豆干

÷ 萝卜干炒肉丝食谱

材料

萝卜干 150g

瘦肉丝 150g

红辣椒 1 根

淀粉 15g

色拉油 6 大匙

调味料

盐 6g

香油 1 大匙

做法

1. 萝卜干泡洗 10 分钟，取出沥干，切成与肉丝大小相同的条状。

2. 红辣椒也切丝，备用。

3. 将瘦肉丝拌裹淀粉。

4. 起锅，先用色拉油炒肉丝，再加入萝卜干及红辣椒，最后加入调味料拌匀即可。

注意事项

萝卜干本身就有些咸度，加入调味料时要调整咸味。有些人也会加入细砂糖调味。

✤ 其他做法

材料
白萝卜 3 根（约 1.8kg）
盐 2%（杀青用）36g
　　4%（腌渍用）72g

做法
1. 将白萝卜清洗干净，从头尾两端剖开呈 4 片长条，或再对半切成 8 份。
2. 抹上盐揉软，静置 30 分钟，取出日晒一天，晚上收回。
3. 再加盐揉软静置一个晚上，放进过滤袋里，再放入脱水机里脱水、沥干。
4. 用清水洗净外表，再用冷开水清洗一遍，拧干，拌入腌渍料即可。

注意事项

✤ 萝卜盐腌的步骤做充分，注意腌渍时间不可太短。

✤ 最好在腌盐时，同时用重物压着腌，产品会较香。

✤ 腌渍料通常可加些红辣椒、大蒜、香油及香菜。

萝卜干

萝卜钱加排骨煮出来的汤头回甘又鲜甜，其
形状又有吉祥之意。

（萝卜钱）

薄透圆满又鲜甜的汤配料

有一年，"劳委会"职业训练局桃园职业训练中心委托我协会在三义胜兴村承办 360 小时的农产品加工应用班，在教学中通过与学员的交流，第一次接触到萝卜钱，我充满好奇地回到新屋家乡问了很多长辈，他们居然都没看过也没吃过，让我吃惊的是，同样是客家人，语言、生活习俗也相同，只间隔一个县市，萝卜的应用居然大不相同。

第一次把萝卜钱带回给家人品尝时，每个人都觉得很惊艳，加排骨煮出来的汤头回甘又鲜甜，形状圆满又漂亮，值得读者去寻找品尝。

萝卜钱的形状是大小不一的圆片形，是利用类似刨刀的特殊工具一片一片刨下来的，这种刨刀工具好像只有在苗栗一带才有卖，一支约180元（新台币），因萝卜刨下后成为大小不一的圆片，好像硬币，因此得名。又因为是圆形，故有圆满和吉祥的意义。

刨下的萝卜钱一定要赶快拿到屋外日晒，傍晚收回，有时也可以不收，完全靠天吃饭，要晒 3 ~ 4 天的时间才可收成。在日晒的过程中，还要不断地去翻动从而加速收成时间。

有一次学生给我数百斤萝卜制作萝卜钱，日晒 2 天后就碰到下雨天，结果那一批萝卜钱的颜色和风味全部不对，最后只能倒掉用作堆肥，算是失败的经验。所以制作萝卜钱时，一定要先看天气预报，要连续放晴一个星期才可动手做，否则失败概率很高。

由于由萝卜变成萝卜钱的产量收成很少，故萝卜钱的市价大概 1 台斤（600g）要 400 元（新台币）左右，也由于晒干的萝卜钱很轻，体积变大，一般市面卖是用两*来计价。

*编者注：在台湾，1 两＝ 37.5 克。

制作流程

白萝卜洗净，不削皮

去头尾

沥干水分

刨片

 铺平晒干

晒干放入容器密封

 完成

 萝卜钱

食谱

成品分量　　原料量的 7%

制作所需时间　　4 天

保存时间　　1 年，密封保存

材料　　白萝卜 6kg

做法

1 将白萝卜洗净，去头尾，皮不必削。直接用洗碗布洗外皮，再沥干水分。用刨萝卜片的专用工具刨片。

2 不重叠地放于晒场上，或放在晒网上铺平日晒。

3 晒干即可。晒场周围环境要注意卫生。晒干后要密封收藏。

🎬 注意事项

✤ 萝卜钱的制作，天气最重要，一定要至少有连续4天以上的晴天日子才可以削萝卜片来晒，否则会发霉变黑而功亏一篑。

✤ 白萝卜不要选择个头太小的，刨起来费工，也不要太大的，肉质较不结实，成品风味会较差。

✤ 萝卜钱料理只要加一些肉片或排骨一起煮汤就很好吃，不需要弄得太复杂。

烹调运用

✤ **萝卜钱排骨汤食谱**

📦 材料

萝卜钱 50g
排骨 5 块
水 1800ml

🍽 调味料

盐 30g
香油 10ml

🔘 做法

1. 先将排骨洗净汆烫，捞起，置于 1800ml 的清水中熬煮。

2. 再放入已洗过的萝卜钱，等萝卜钱胀起，再加入调味料拌匀即可。

🎬 注意事项

萝卜钱适量就好，不要过多，此道汤头主要是要清爽。

萝卜钱

保存一年以上的萝卜丝颜色较深，
香气十足。

（萝卜丝）

米面食的最佳馅料

萝卜丝做法与萝卜钱相似，只是用的工具不同，它需要用可以刨丝的刨刀。刨好丝时要马上用盐杀青，再挤去盐水后，就直接拿到太阳下晒干，晒的时候一定要将湿的萝卜丝抖散，避免结团造成干燥度不均，否则容易发霉。

在民间，萝卜丝较少拿来煮汤，一般是做米面食的馅料用，例如：菜包、草仔粿、车轮饼，在口味的表现上非常具有特色。

一般做好的萝卜丝正常是微黄色，除非经过漂白处理。放越久颜色越深，不过也容易因吸湿而走味。

制作流程

白萝卜洗净，不削皮

↓

去头尾

↓

沥干水分

↓

刨丝

↓

加盐拌匀

↓

静置出水

↓

挤干水分

↓

均匀摆在竹盘上

↓

曝晒

↓

晒干

↓

封存

↓

完成

食谱

成品分量　原料量的 10%

制作所需时间　2 ～ 3 天

保存时间　1 年，密封保存

材料　白萝卜 6kg

　　　　盐 2%　120g

做法

1 将萝卜洗净，去头尾，皮不必削，直接用洗碗布洗外皮，再沥干水分。用刨萝卜丝的专用工具刨丝。

2 刨丝后加入 120g 盐，用手拌匀，静置半小时让其出水。将出汁的萝卜丝用力挤干，均匀摆在竹盘上，或放于晒场晒干，或放在晒网上铺平晒干。

萝卜丝

3 放在太阳下曝晒到干燥。

4 日晒 2 ~ 3 天到完全晒干后即可收藏。

注意事项

✢ 一年以下的萝卜丝，颜色较淡，香气较不足，一年以上的颜色较深，香气十足。

✢ 自己先动手做一次就知道萝卜丝真正的色泽，若色泽太白就需注意它是否被漂白过，通常商人的说法是它的产品从日本进口，日本的技术比台湾先进才会呈现如此品相。

✢ 做好的萝卜丝最好密封冷藏或冷冻保存。

烹调运用

萝卜丝大都用于做馅料，如车轮饼和菜包的萝卜丝口味；少量的拿来煮汤，如萝卜丝排骨汤；有人也拿萝卜丝做菜脯蛋。萝卜丝与肉丝、香菇拌炒成馅料，去包菜包或草仔粿或大的咸汤圆，是客家人的基本米食口味。

✢ 萝卜丝煎蛋食谱

材料

干萝卜丝 20g
蛋 2 颗
色拉油 5 大匙

调味料

酱油 3/4 大匙

做法

1. 干萝卜丝先泡水后，洗净拧干备用。

2. 起油锅，炒香萝卜丝后拿出备用。

3. 将蛋打匀后加入炒香的萝卜丝拌匀，加入调味料调味。

4. 起锅开小火，倒入少量油后，将蛋液倒入后，加锅盖。

5. 等闻到有香味之后，将盖子打开，摇一下锅看看煎蛋是否可离锅。

6. 可离锅后，将煎蛋翻面再煎一下就可以起锅了。

注意事项

因为泡水后萝卜丝会涨开，所以只要拿取一撮泡水就可以。

（麻竹酱笋）

香鲜酱笋的调味魅力

在台湾常食用的竹笋大致分三类：绿竹笋、桂竹笋和麻竹笋。通常绿竹笋用在直接鲜食的凉拌菜或煮汤；桂竹笋用在鲜食的热炒菜及煮汤，或直接制作桶笋以延长可食的时间；而麻竹笋，除用在鲜食煮汤外，大都用于加工腌渍。竹笋的产期在 3 月～7 月。绿竹笋剥完壳后，切块或切片煮排骨或是猪大骨汤，清甜爽口最速配。4 月是桂竹笋的盛产期，在台湾北部山区的沿路都有出售，桂竹笋炒豆瓣肉丝非常好吃。由于产量很大，各地山区的农会会另设桶笋加工厂加工保存，供应全年餐厅的需要。而麻竹笋产期在 6 月～7 月，集中在中南部较多，由于麻竹笋的体积较大，肉质较厚纤维质较多，非常适合做加工，可产制笋干、酱笋、腌脆笋、笋丝、笋片，全年可用于餐厅料理。

竹笋的纤维质很多，在做料理或腌渍时则取其嫩的部位，主要是取它的风味及爽口、可解油腻的特点。通常会与肉类搭配，让菜肴看起来不会那么油腻。由于竹笋出土后，非常容易老化而产生苦味，早期若鲜食消耗不掉，祖先们就拿来做腌渍品，其重点是要选用竹笋嫩的且肉质厚的部

位，而空心的麻竹笋其中空部位的白色粉膜一定要刮洗掉才不会苦。腌渍后的酱笋或腌笋通常颜色会较深，所用的加工方式不同，风味也会改变，形成另一种风味。

　　以下介绍几种腌渍酱笋的做法，供读者比较，这就是一般在制作腌渍品时可做的变化，只要抓住重点就可以随心所欲。

颜色深沉的酱笋,
与肉类搭配烹煮,鲜美而不抢味。

麻竹酱笋

制作流程

麻竹笋去壳

▼

切段

▼

去竹节

▼

切半圆块

▼

去除内膜

▼

将盐、黄豆曲、细砂糖混匀

▼

在玻璃瓶底部放上一层盐、黄豆曲和细砂糖

▼

再放入一层笋块

▼

再放入一层盐、黄豆曲和细砂糖

▼

再放入笋块

▼

以此类推，最后一层铺上盐、黄豆曲和细砂糖

▼

加入水（或米酒）

▼

加盖封存发酵 3 个月

▼

完成

食谱

成品分量　2 瓶

制作所需时间　1 小时

保存时间　1 年

材料　麻竹笋 600g
　　　　　盐 60g
　　　　　黄豆曲 60g
　　　　　细砂糖 60g
　　　　　米酒 200ml

做法

1 将麻竹笋去壳，剥去老化粗纤维硬层。

2 切段、去竹节，取麻竹笋头来腌制，再切成半圆块，用干洗碗布搓去内膜，或用喝汤用的不锈钢汤匙刮去笋节内膜备用（可切片或切丝）。

麻竹酱笋

3 先将盐、黄豆曲、细砂糖混合均匀，备用。在罐子底部铺一层盐、黄豆曲和细砂糖，洒入罐中平均铺放。再铺上第二层竹笋块。

6 以此类推，到最后一层铺上盐、黄豆曲和细砂糖。

4 第三层再放一层盐、黄豆曲和细砂糖。

7 装完封罐放置一天一夜（24～30小时）后，才可加入冷开水（或米酒）并腌过笋块即完成。

5 再放入笋块。

8 腌渍3个月后即可食用。

注意事项

✤ 另外也可以将腌渍酱笋多放入 10% 的豆曲，另外将糖：盐：水比例调整为 30：70：1000，并放入 1 ~ 2 片甘草。或者将冷开水改用米酒替代。

✤ 个人认为直接用米酒代替冷开水来用，比较不会失败而且风味会较好，污染率会降低。

✤ 用麻竹笋来做主要是因为其肉质较厚实，好加工。

烹调运用

酸笋丝鱼汤、酱笋蒸鱼

由于酱笋类通常只做成配料用，使用量不可太多，才会口感鲜美不抢味，故通常的料理方式如酱瓜煮鸡汤即可。

✤ **酱笋蒸鱼食谱**

材料

新鲜鱼 1 条
酱笋 50g
姜片 6 片
葱段 20g
嫩姜丝 20g
酱笋腌渍汁 50ml

调味料

细砂糖 30g
米酒 30ml
红辣椒 1 根

做法

1. 将鱼刮鳞片，肚子内脏清干净，外皮划三刀。

2. 先将姜片、葱段排放于盘中，再放鱼，再加入切成末的酱笋、酱笋汁及嫩姜丝，最后淋上调味料，放于蒸笼中以大火蒸 15 分钟。

3. 挑去姜片及葱段，即可上菜。

注意事项

✤ 鱼要新鲜，鱼鳞及内脏一定要处理干净。

✤ 酱笋切末会更入味而且味道较均匀。

改良式脆酸笋块（片、丝）

📗 **材料**　麻竹笋头 600g

　　　　　细砂糖：盐：水 = 10g ： 50g ： 1000g

　　　　　米酒 18ml

🔘 **做法**　1. 将麻竹笋去壳、剥去老化粗纤维硬层，切段、去竹节，取麻竹笋头来腌制，再切半圆块，用干洗碗布搓去内膜或用喝汤用的不锈钢汤匙，刮去笋节内膜，备用（麻竹笋也可切片或切丝）。

　　　　　2. 放入滚水汆烫并沥干放凉。

　　　　　3. 将处理过的笋块放入罐内排满，倒入填充液（依糖盐水的比例，先煮沸水，再加入糖及盐拌匀，放凉备用）。

　　　　　4. 再倒入少量米酒，封罐。腌渍约 1 个月左右即可食用（切记填充液要淹过笋面）。

腌脆酸笋块（片、丝）

📗 **材料**　麻竹笋头 3.6kg　　🍲 **工具**　玻璃罐 1 个

　　　　　盐 4%　 144g　　　　　　　　（可装 10 瓶酒的容量）

🔘 **做法**　1. 将麻竹笋去壳、去老化粗纤维硬层，切段、去竹节，取麻竹笋头来腌制，再切成 1/4 圆块，用干洗碗布搓去内膜或用不锈钢汤匙刮去内膜备用。

　　　　　2. 刚割下来的麻竹笋头要马上腌制，以防老化，将去膜后的笋块放入塑料袋内，洒入盐，摇一摇塑料袋，或放在钢盆上拌一拌，使每一块竹笋均沾到盐，达到杀青效果。也可放入盐水中浸泡（盐水咸度可以根据自己的口感调配，以不会太咸也

Chapter

2

根茎类

不会太淡为原则，如太咸会抑制酵素发酵），腌渍半小时以上。

3. 捞起笋块，挤掉盐水，直接放入玻璃罐内，如笋头太大，可用手剥或对切成块状，一层一层压紧且整齐地排放入玻璃罐中（笋块皮朝外、肉朝内）。笋块排入八分满，再直接加入煮过的冷开水并淹过笋面，试水咸度（类似炒菜的咸度，放太咸的话酵素无法发酵，不会变酸），加盖并拧紧盖子，放置于阴凉干燥处，腌约1个月即可取出烹调。

注意事项

盐腌可说是腌笋酱菜中做法最简单又好吃的一种，若想提高酸笋的酸度，盐可少放些，腌约1个月即可取出烹调，储存时间甚长，自每年8月至翌年12月，盐水一定要腌过笋面，否则容易腐烂。

✤ 其他做法三

腌笋（麻竹酱笋腌渍法）

材料　麻竹笋 1kg　　　　**腌渍料**　粗盐 8%　80g

调味料　黄豆曲 50g　　　盐 50g
　　　　　细砂糖 100g　　　米酒 600ml

做法　1. 将麻竹笋洗净去壳，去除老化纤维硬层。切段，去竹节。取麻竹笋头来腌制。

2. 再切成圆块后，用干的洗碗布搓去内膜，或用不锈钢汤匙刮去内膜备用。

3. 再切成片段后放入沸水中杀青，以去苦味及软化，并滤干放凉，放入塑料袋内加入粗盐充分搅拌搓揉。

4. 用重物均匀压一天（隔一夜），倒出水分，成半成品笋片块。

5. 玻璃瓶底层放一层笋片块，上面放一层细砂糖、盐、黄豆曲，再放第二层笋片块，再放一层细砂糖、盐、黄豆曲，依序放置。

6. 装完罐后直接加入 20 度米酒，并腌过笋块即完成。腌渍 3 个月后即可食用。

注意事项

1. 用糖、盐、黄豆曲腌笋块时，不需另外加入冷开水，直接用 20 度米酒浸泡风味较好，也不易失败。

2. 麻竹笋最好选择肉较厚、较嫩的底部部分。笋块用滚水杀青后一定要先用盐腌过，让其出水变软，利于入味。

3. 传统的做法有些为节省成本，直接以盐糖水代替米酒，最后在封口处加入一些米酒封口。

✚ 其他做法四　**麻竹凤梨酱笋腌渍法**

材料　麻竹笋 600g　　细砂糖 150g
　　　　盐 75g　　　　　凤梨 60g
　　　　黄豆曲 75g　　　米酒 450ml

做法　1. 将麻竹笋剥去外皮切块，用水洗净后，日晒让外表水分蒸发。凤梨去皮，切成如麻竹笋一样大块，备用。

2. 将黄豆曲与盐、细砂糖混合，搅拌均匀即成配料。

3. 铺一层配料于瓶底，再放入一层竹笋块，分层装至半瓶以上时，于中间分次投入几块凤梨，照此方法装满为止，最上面再放一层配料，倒入米酒至满，密封罐口，置于阴凉处贮藏，约放 3 个月后取出食用。此时的笋块变软，色泽变黄，味道芳香，佐餐或做调味料均可。如果和鱼、肉煮汤，风味极佳。

🎫 注意事项

加入凤梨片可加速熟成，增加风味，由于凤梨内含有凤梨酵素，可帮助发酵，目前的腌渍品中除腌笋可加入凤梨片外，腌豆腐乳或腌酸菜时也可以加入，效果很好，可增加产品风味而不抢味。

✛ 其他做法五　　**麻竹豆米曲酱笋**

🎫 **材料**　麻竹笋块 1kg　　　细砂糖：水 = 75g：500ml
　　　　　黄豆米曲 50g　　　米酒 30ml
　　　　　粗盐 50g

🔍 **做法**　1. 将麻竹笋去壳、去老化粗纤维硬层、切段、去竹节，取麻竹笋头来腌制，再切圆块，用干洗碗布搓去内膜或用喝汤用的不锈钢汤匙刮去内膜，备用。

　　　　　2. 放入滚水中杀青去苦味及软化，并沥干放凉，放入塑料袋内，加入粗盐充分搅拌。

　　　　　3. 用重物压一天后，倒出水分，先在罐子底部铺一层竹笋，洒黄豆米曲，再铺上第二层竹笋，放入黄豆米曲。

　　　　　4. 装完罐后再加入放凉的糖水，上方洒少许米酒封罐，并腌过笋块即完成。

　　　　　5. 制作完成 3 个月后即可食用。

笋干可以解油腻，做成笋干蹄髈肉或煀肉，
都是非常协调的搭配。

（笋干）

肉类菜肴的最佳配料

　　笋干通常是指竹笋经过加工的产品。在每年的 6 月 ~ 7 月开始盛产，各地使用的竹笋加工品种不一，不尽相同，主要是就近取材，像复兴乡、尖石乡就是以桂竹笋为主。制作笋干要与天气充分配合，去壳、去苦水要做彻底，制作笋干的部位一定要嫩，成品才会爽口，太老、纤维质多会咬不动而让菜肴失色。

　　笋干由于食材的大小、品质、部位的不同，就会做出不同的产品形状，如笋片，将竹笋剖半腌渍晒干即可；笋丝，要剥成条状腌渍晒干，较费工；或直接切段加工，基本上是取其方便以及客户群的需要，像客家焖笋这道菜就是用段的形式出现。由于民间传说笋类的产品都可以解油腻，所以做成笋干蹄髈肉或焢肉，都是非常协调的搭配。

　　笋干是采取真空包装或冷藏方式保存，为了保存大都在腌渍时加入较多的盐分而偏咸。所以使用时要先去掉一些咸度，一般是将笋干洗干净后，用水浸泡一些时间，或直接用水煮开，倒掉热水再烹调。客家人或许多餐厅就直接拿煮鸡、鸭、鹅的高汤来煮笋干，非常入味，抑或加入少许福菜一起煮，也是非常美味的！

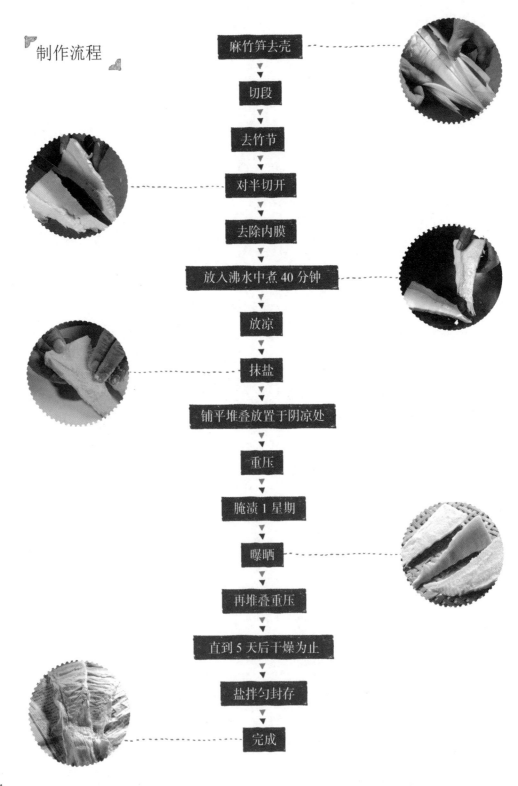

制作流程

麻竹笋去壳

↓

切段

↓

去竹节

↓

对半切开

↓

去除内膜

↓

放入沸水中煮 40 分钟

↓

放凉

↓

抹盐

↓

铺平堆叠放置于阴凉处

↓

重压

↓

腌渍 1 星期

↓

曝晒

↓

再堆叠重压

↓

直到 5 天后干燥为止

↓

盐拌匀封存

↓

完成

食谱

成品分量　约原料量的 50%

制作所需时间　12 天

保存时间　依盐分的多寡，保存 1 年以上

材料　麻竹笋 6kg
　　　　盐 10%　600g

做法

1 麻竹笋洗净，再剥去外壳。

2 对半切开。

3 煮一锅水，等水沸腾后，将笋片放入水中煮，用小火煮 40 分钟。

笋干

135

4 煮熟放凉并抹上盐。

5 放于阴凉处铺平堆叠，拿重物压抹过盐的笋片腌渍。压约 1 星期后取出并撕成粗条状。依序排列于竹盘，第二天拿去晒太阳，要不时翻动，晚上再堆叠压，直到干燥为止，连续晒 5 天左右即干燥。

6 加入一些盐拌匀，再放入密封罐保存。

🍴 注意事项

晒笋干时，不需晒太干，达到干燥但不是酥脆的干燥程度。

烹调运用

÷ **笋干蹄髈食谱**

📦 材料

笋干 300g
蹄髈 1 个
大蒜 4 颗
红辣椒 1 根
色拉油 6 大匙
水 1300ml

🍶 调味料

酱油 120ml
细砂糖 30g

🍽 做法

1. 蹄髈洗净，擦干水分，入油锅，用中火炸到表面成为黄色。

2. 笋干泡软，切小段，大蒜切片，红辣椒切段。

3. 起锅，加入色拉油，先爆大蒜片、红辣椒段，再放入笋干段拌炒，加入调味料与水，煮滚放入蹄髈，以中小火焖煮约 2 小时至蹄髈软烂即可起锅，摆盘饰。

🍴 注意事项

不要买到纤维质太硬或太老的笋干。

（腌嫩姜）

清粥不能缺少的爽口小菜

　　嫩姜的产期大约在每年的 6 月～9 月，在乡下的传统市场就会看到姜商载着整车的嫩姜在路边叫卖，街坊邻居就会围过来挑选自己喜欢的部位，一大包一大包地买回家腌渍，早来的就可以买到嫩姜芽的部位，晚来的自然就无从选择了。

　　腌渍的嫩姜是我小时候最常吃的清粥小菜，非常开胃又爽口，嫩姜的嫩芽部位做腌渍特别好吃，但毕竟此部位较少，一般都是买整块的姜，回家后再处理。读者若自己腌渍时，不妨采取将嫩姜分成三段的方式分开腌渍装瓶，嫩姜大概可分三段：嫩芽部位在最前端 1～5 厘米，直接保留整段外观，不切片；中间部位在 3～10 厘米处，若嫩姜枝干细小就保留整段不切片，若太粗就切片；其余部位都用切片处理，口感外观会很不一样。嫩姜用手折不断的部位就不要用来腌渍，它的纤维太多、较老，可直接做料理用。

　　早期腌渍的嫩姜口味及口感很单纯，大部分都是糖醋盐水的口味，少部分用米酱腌嫩姜或是用味噌腌嫩姜，颜色都是姜的本色，只是有时候存

在较白或较黄的差别，没有好坏之分，只有嫩或老之分。当然不同的技巧腌渍出的嫩姜的风味会有很大差异，有时候没有姜辣味，有时候会发现姜辣味好重，这跟盐的杀青或脱水有关。另外只有到日本料理店吃寿司时才可以吃到配搭的淡紫色嫩姜，其实那只是在腌渍嫩姜时放了紫苏叶一起腌，就形成较特殊的颜色与风味。目前也有人用天然的栀子、姜黄或添加人工黄色素来制成黄嫩姜。买现成的腌嫩姜你可能无法选择，但自己动手做有绝对的选择权，请尽可能用天然的食材去搭配嫩姜腌渍，健康才有保障。

用嫩姜的嫩芽部位腌渍特别好吃，
搭配清粥小菜，开胃又爽口。

腌嫩姜

制作流程

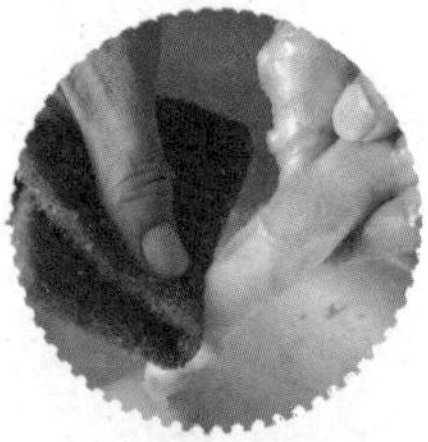

嫩姜清洗、去除硬梗和外皮

▼

加入盐水

▼

腌渍 2 天

▼

滤干

▼

煮糖醋水

▼

放凉

▼

嫩姜放入玻璃瓶中

▼

倒入糖醋汁

▼

封口

▼

腌渍 2 天即可食用

▼

完成

食谱

腌
嫩
姜

成品分量 1 罐

制作所需时间 4 天

保存时间 在常温阴凉处，保存 1 年

材料 嫩姜 600g

腌渍料 盐 30g
水 1000ml

调味料 醋 20ml
细砂糖 185g
盐 1 大匙
水 240ml

做法

1 将嫩姜用刷子洗净，去除硬梗，嫩姜芽不必去皮。

2 先将大块嫩姜去外皮，可先切成片状再腌。

3 装入塑料袋，加入盐水。

4 用盐水腌渍 2 天。

7 加入细砂糖。

5 2 天后倒掉盐水，滤干（最好用脱水机脱干）。

8 再加入盐。

6 锅中倒入 1 杯开水约240ml，加入醋调匀稀释，加热至 50℃。

9 煮至砂糖完全溶解，做成糖醋汁，放凉备用。

10 取一空玻璃瓶，用酒精消毒。

11 将嫩姜放入玻璃瓶中排列整齐。

12 倒入放凉的糖醋汁。

13 封口，再腌渍 2 天即可食用。

注意事项

✦ 用糖醋汁腌嫩姜时，不需另外加水，因为嫩姜在糖醋汁中仍会出水。

✦ 嫩姜最好选择刚冒芽无粗丝的部分。一定要先用盐腌过，让其出水变软，利于入味。

✦ 2.1kg 的嫩姜可制出 3 瓶 800ml 的罐装成品。

✦ 也可以添加话梅做梅渍嫩姜，或添加紫苏做紫苏嫩姜，风味也不差。

✦ **其他腌渍法**

材料　嫩姜 3kg
　　　　盐 300g ~ 375g
　　　　细砂糖 450g
　　　　糯米醋 2 碗 400ml

做法　1. 嫩姜不需削皮，洗净沥干水分，切成菱形。

　　　　2. 加盐搓揉，浸泡 6 小时。

　　　　3. 沥干盐水。将嫩姜放入玻璃瓶中，上面放入细砂糖，不要搅拌。

　　　　4. 再倒入糯米醋，放在冰箱 3 天即可食用。

　　　　5. 如果想要存放更长时间，盐浸泡出水后就要用石头压嫩姜，使水分少些，存放时间就比较长。

烹调运用

由于嫩姜大都用来做腌渍，较少拿来做料理。一般在餐桌上都拿来做小菜用或摆盘饰时用。

好吃的腌荞头是甜酸口味的，
吃起来爽口，是很古老的酱菜。

（腌荞头）

甜酸口味的传统酱菜

荞头在闽南语中叫做蕗荞，它的长相很像一般蒜苗的头部，在每年的清明节过后，才有茎头结成球状，于每年 5 月 ~ 6 月采收。由于采收季节很短，种植面积不广，只有特定地区才可以看到，一般腌渍后才食用，没有腌渍前辛辣味很重，难以下口。腌渍后除爽口外，口味一般都因为浸泡腌渍糖醋汁而偏甜，所以好吃的荞头是甜酸口味，吃起来很爽口。民间有此一说，腌渍的荞头一天不可吃超过 7 颗，否则第二天就会产生腰酸背痛的现象，我想这跟个人体质有相当大的关系吧！

很多人看到这道腌渍品以为是腌渍蒜头，吃到嘴里又感觉不像。配稀饭吃，爽脆可口，这是很古老的酱菜，最近增添了非常多的口味，有紫苏口味、洛神花口味、咖喱口味或水果口味，不妨多去尝试看看。

制作流程

荞头清洗

▼

去除须根及外皮

▼

盐水腌渍 10 天

▼

倒掉盐水、用清水漂洗

▼

滤干

▼

煮糖醋汁

▼

荞头放入瓶中

▼

倒入糖醋汁

▼

封口

▼

腌渍 2 天即可食用

▼

完成

食谱

成品分量　3 瓶 800ml 罐装

制作所需时间　12 天

保存时间　1 年，保存在阴凉处

材料　荞头 1kg

腌渍料　盐 10%　100g
　　　　　水 600ml

调味料　细砂糖 24%　240g（可用冰糖
　　　　　或特砂糖代替）
　　　　　陈年米醋 21%　210ml
　　　　　水 30%　300ml

做法

1 将荞头用水洗净。

2 去除须根及外皮。

3 装入水桶中，加入腌渍料用盐水腌渍 10天。10 天后倒掉盐水、再洗净，用清水泡半天，洗净滤干（最好用脱水机脱干）。

4 锅中倒入水 300ml，加入细砂糖 240g，煮至糖完全溶解，再加入醋 210ml 煮开熄火，做成糖醋汁。将荞头装入空罐中。

5 等到糖醋汁降温到 95℃以下时，即热冲倒入装有荞头的罐中。

6 瓶盖先用酒精消毒。

7 等完全降温后才可盖盖子。

8 再腌渍 2 天即可食用。也可以将糖醋汁煮好，完全放凉后再装填至罐中。

⚠ 注意事项

✤ 用糖醋汁腌荞头时不需另外加盐，因为荞头在初期用盐腌时已有足够盐度。

✤ 荞头最好选择根部，且越嫩越好，茎只留一点。而且一定要先剥去多余外皮，彻底用盐腌过，让其出水变软，利于入味，同时可去辛辣味。

✤ 装填容器一定要事先灭菌消毒。

✤ 1kg 的荞头约可制出 3 瓶 800ml 的罐装成品。

✤ **其他腌渍法一**

▢ 材料

荞头 1kg

◗ 腌渍料

盐 10%　100g

水 600ml

◖ 调味料

冰糖 35%　350g

水 35%　350ml

原味话梅 12 颗

（每罐放 4 颗）

◗ 做法

1. 将荞头用水洗净，去除须根及外皮，装入水桶中，加入盐水腌渍 3 天。3 天后倒掉盐水、再洗净，用清水泡半天，洗净滤干（最好用脱水机脱干）。

2. 在装填的玻璃罐中，先放入 4 颗话梅，再放入已沥干的荞头，不要塞太紧密。

3. 锅中倒入水 350ml，加入冰糖 350g，煮至冰糖完全溶解，煮开熄火，做成糖汁。

4. 待糖汁降温到 95℃以下时，即热冲倒入装有荞头的罐中，等完全降温后才可盖盖子，再腌渍 2 天即可食用。也可以将糖汁煮好完全放凉后再装填至罐中。

⚠ 注意事项

✤ 用糖汁腌荞头时，不需另外加盐，因为荞头在初期用腌渍料盐腌时已有足够盐度。

✤ 荞头最好选择根部，且越嫩越好，茎只留一点。而且一定要先剥去多余外皮彻底用盐腌过，让其出水变软，利于入味，同时可去辛辣味。

✤ 装填容器一定要事先灭菌消毒。

✤ 1kg 的荞头约可制出 3 瓶 800ml 的罐装成品。

✣ 其他腌渍法二

📦 材料

荞头 1kg

🍙 腌渍料

盐 6%   60g

水 600ml

🍙 调味料

细砂糖 40%   400g

（可用冰糖或特砂糖代替）

醋 60ml

水 500ml

🔍 做法

1. 将荞头用水洗净，去除须根及外皮，装入水桶中，加入腌渍料用盐水腌渍 3 天。3 天后倒掉盐水、再洗净，用清水泡半天，洗净滤干（最好用脱水机脱干）。

2. 锅中倒入水 500ml，加入细砂糖 400g，煮至糖完全溶解，再加入醋 60ml，煮开熄火，做成糖醋汁。将荞头装入空罐中。

3. 待糖醋汁降温到 95℃以下时，即热冲倒入已装罐的荞头，等完全降温后才可盖盖子，再腌渍 2 天即可食用。也可以将糖醋汁煮好完全放凉后再装填至罐中。

🔖 注意事项

✣ 用糖醋汁腌荞头时，不需另外加盐，因为荞头在初期用腌渍料盐腌时已有足够咸度。

✣ 荞头最好选择根部，且越嫩越好，茎只留一点。而且一定要先剥去多余外皮彻底用盐腌过，让其出水变软，利于入味，同时可去辛辣味。

✣ 装填容器一定要事先灭菌消毒。

✣ 1kg 的荞头约可制成 3 瓶 800 ml 的罐装成品。

烹调
运用

此道腌渍菜主要用于生吃，有杀菌效果又不会有辛辣味，较少用于料理。

（糖醋蒜）

好吃又健康的蒜味蘸酱

　　糖醋蒜的做法有很多种，一般腌渍用的糖醋汁都大同小异，只是在食材上有变化。像糖醋蒜的主食材是蒜，通常是剥完外皮膜后再用来做腌渍，也有人先将蒜打成泥之后再腌渍糖醋汁，认为这样可以更入味。而也有人直接将整颗大蒜剥掉一些不扎实的外皮膜后就整颗连皮拿去腌渍，这种腌渍的方法，好坏各有定见。我个人较喜欢用剥去外皮的蒜头仁去腌渍，液体较干净，食用较方便，应用较广泛。若用连皮一起的腌渍法，到最后已腌渍浸泡的蒜头外皮膜仍不能吃还是要再动手剥掉，而且会连带吸附走不少熟成的糖醋汁，较浪费成本。但有人认为这样做较美观。

　　糖醋蒜腌渍好后，除了可每日直接吃几颗作为保健食品外，通常可将剥好皮的新鲜蒜头剁碎成蒜末，再加些腌渍过的糖醋汁拌匀，用作汆烫海鲜的蘸酱，或是吃水饺的蘸酱都特别好吃，一般较少拿来入菜。

糖醋蒜腌渍好后，将糖醋汁加新鲜蒜末拌匀，
当做水饺蘸酱特别好吃。

制作流程

蒜头剥去外皮

 放入玻璃瓶中

加入陈年米醋

封口

半个月后加冰糖调糖度

 放置 3 个月即可食用

 完成

糖醋蒜

153

食谱

🔲 **成品分量**　1～2瓶，视瓶的大小而定

🕐 **制作所需时间**　3个月

🍲 **保存时间**　1年，保存在阴凉处

🔲 **材料**　未剥皮蒜头 600g

　　　　陈年米醋（酸度为 6 度）900g

🔲 **调味料**　冰糖 400g

🔲 **做法**

1 将蒜头剥去外皮，剪掉大蒜的蒂头备用。

2 将玻璃瓶洗净擦干，将整理好的蒜头（整粒或单粒皆可）放入玻璃瓶中。

3 加入陈年米醋。

4 补满醋汁，一定要腌过蒜头，封口，即完成。

5 半个月后再加入冰糖调糖度。3个月就可食用。

📋 注意事项

✦ 食品加工醋最好选用米醋或陈年醋，而且酸度最好在 6 ~ 10 度。

✦ 有许多人都用糯米醋，要注意每种品牌的风味皆不一样，若做得好就固定用一个品牌，如此才不会变口味。

✦ 另外有人做糖蒜，不加米醋，改用冷开水，另外加一点盐和一些乌醋，也有一样的效果。

✦ 还有人直接将蒜头剥皮成蒜仁，直接泡入陈年醋，腌渍 3 个月后很好吃。

✦ **其他腌渍法**

📋 材料

蒜头 600g

酱油 450ml

细砂糖 45g

米酒 120ml

🔍 做法

1. 蒜头不去皮，但要剥去外皮脏乱部分，并切除底部须根，清洗干净并晾干水分。

2. 将米酒、细砂糖、酱油倒入锅中，一起用小火煮开。

3. 酱汁煮开后，再加入蒜头煮 2 分钟，熄火，放置凉透。

4. 放入玻璃罐，封盖，浸渍 20 天以上。

注意事项

✤ 选择蒜头时，要找新鲜饱满的蒜头来做，不要有发芽的，最好用过完年新上市的新大蒜。

✤ 浸泡过的酱汁可用来做菜或做蘸酱汁，尤其是吃水饺时最对味，或蘸蒜泥白肉。

✤ 煮蒜头时，要注意煮的时间，千万不可煮太久，不可将蒜头煮熟。

✤ 吃腌渍蒜头的时候要将外皮剥去，再切片。可直接拌蔬菜用，许多人拌豆腐食用。

✤ 因为蒜头稍微煮过，腌渍后不会有辛辣味。

烹调运用

糖醋蒜主要用于生吃，杀菌效果佳又没有辛辣味，较少用于料理。

✤ **糖蒜蒸鸡肉食谱**

材料

鸡肉 500g
糖醋蒜 15 粒

调味料

盐 7g
米酒 15ml

做法

1. 将鸡肉洗净，剁成适当的大小，糖醋蒜剥去外皮，备用。

2. 将调味料涂抹于鸡肉上，备用。

3. 先将鸡肉块放于盘中铺好，上面再放入糖醋蒜，整盘外面包一层铝箔纸，放入蒸笼中用大火蒸 40 分钟。

注意事项

✤ 鸡肉用盐、米酒先腌过，可增添风味。

✤ 用铝箔纸包覆，香气不易流失。

（客家福神渍）

咸中带甜的什锦酱菜

福神渍是台湾日据时期留下的腌渍菜名称，其实真正的名称应该是什锦酱菜，也就是用多种蔬菜根茎部一起腌渍的腌渍菜，别有一番风味，虽然食材并没有特别限制，但大部分的人都用白萝卜、红萝卜、小黄瓜、大头菜、莲藕来做，偶尔也会再加些青木瓜，主要因为这些食材便宜又容易取得。

由于这些都是腌渍食品，可做清粥小菜或做盘饰用。在腌渍的食材搭配上，可依自己家庭的喜好度做增减或改变食材，甚至包括口味的甜、咸、酸、辣以及色泽都可以随心所欲。腌渍福神渍的重点在于用盐杀青时除了要拌均匀之外，所有食材还要新鲜，压渍要够干，如此才容易脆爽，吸取酱汁才会均匀够味。福神渍属于咸中带甜口的酱菜，是配饭用的腌渍菜，很少用在料理上。若读者仍无法理解这产品，我记得"味全"好像生产过，买一罐试吃即可明白。因为都装于瓶罐中，所以要用干燥的筷子夹出（最好用干燥的不锈钢筷子），放于盘中或碗中再食用，开封后没吃完就要放冰箱保存。

用多种蔬菜的根茎部一起腌渍的客家福神腌渍菜，
别有一番风味。

制作流程

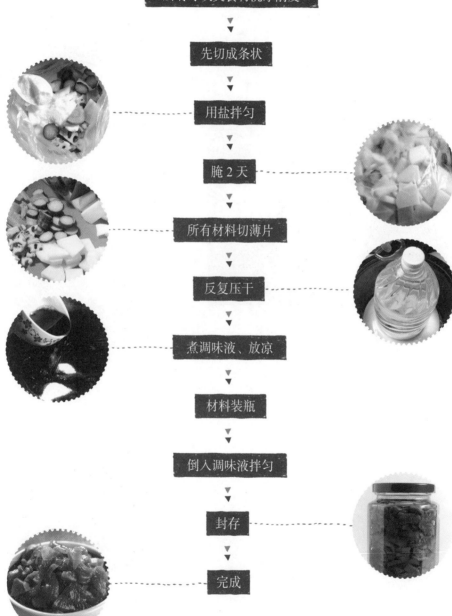

所有球块类食材洗净削皮

↓

先切成条状

↓

用盐拌匀

↓

腌 2 天

↓

所有材料切薄片

↓

反复压干

↓

煮调味液、放凉

↓

材料装瓶

↓

倒入调味液拌匀

↓

封存

↓

完成

客家福神渍

食谱

🔳 **成品分量**　　原料量的 50%

🕐 **制作所需时间**　　3 天

🍲 **保存时间**　　3 个月 ~ 1 年，保存在阴凉处

🔳 **材料**　　白萝卜 12kg

红萝卜 3kg

小黄瓜 300g

莲藕 300g

盐 1.2kg

🔳 **调味料**　　酱油 600ml

细砂糖 900g

🔳 **做法**

1 将白、红萝卜及其他种类的球块洗净削皮，切成 2.5 厘米厚的条状。

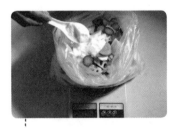

2 多种原料切条混合后，再用 1.2kg 盐拌匀，腌 2 天。

3 期间要翻动让盐腌均匀。

Chapter

2

根茎类

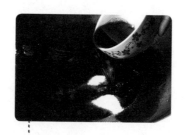

4 取出不需将盐洗去，直接将条状切成薄片（约1厘米×2厘米），切成相同的大小薄片及配色会较美观。

6 煮调味液：用酱油600g，加细砂糖900g，煮滚。或依个人口味添加少许红辣椒一起煮。

5 装入过滤袋或布袋，上面可盖一个瓷盘压住。尽量压干，至少压一个晚上，压越干越好，成品保存期限会越久。压的过程中要反复翻动，较容易干。

7 调味液放凉后，再倒入压干的原料拌匀。装入玻璃瓶压实封罐。

注意事项

✢ 因全程未加防腐剂，制作过程的清洁卫生要相当重视，玻璃瓶不管是新、旧瓶，一定要洗干净，然后将瓶和盖一起放入水中煮开灭菌，取出倒扣，晾干再用。（可提前 1 ~ 2 天先处理）。

✢ 福神菜的口味变化很多，有人加入莲藕增加口感与脆度，也有人通过加醋或柠檬调其酸度。

✢ 细砂糖的一部分可以用麦芽糖代替，风味也很好。也可加入 20 度米酒一起煮增加风味。

✢ **其他腌渍法**

材料

做福神渍的材料视盛产期的根茎蔬菜而取用 3 ~ 4 种块状球果，共 3kg。

白萝卜 1.8kg

红萝卜 600g

甘蓝菜球块 300g

青木瓜 300g

盐 150g

调味料

酱油 1 瓶（600 ml）

20 度米酒 200 ml

细砂糖 1 碗（200g）

麦芽糖 1 碗（200g）

水 1.5 碗（300 ml）

芝麻、紫苏、红辣椒

依个人口味添加少许

做法

1. 将白、红萝卜洗净，连皮切成大约 1.5 厘米 ×2.5 厘米的薄片，其他种类的球块削皮后也切成相同大小的薄片，注意大小块及配色会较美观。

2. 多种原料切片混合后，再用 150g 盐拌匀，腌一个晚上。上面可盖一个瓷盘压住。

3. 第二天用过滤袋或布袋装好，压干水分，压得越干，成品保存期限会越久。

4. 煮调味液：用 1.5 碗的水，加 1 碗砂糖，加 1 碗麦芽糖，先煮融化后，再加入酱油 1 瓶、20 度米酒 200ml、红辣椒少许或其他配料，煮滚。

5. 调味液放凉后，再倒入压干的原料拌匀。装入玻璃瓶压实封罐。

注意事项

✢ 因全程未添加防腐剂，制作过程的清洁卫生要相当重视，玻璃瓶不管是新、旧瓶，一定要洗干净，然后用水连瓶和盖一起煮开灭菌，取出倒扣，晾干再用（可提前1~2天先处理）。

✤ 福神菜的口味变化很多，有人加入莲藕增加口感与脆度，也有人通过加醋或柠檬调其酸度。

烹调运用

仅做小菜或盘饰用，不适合烹调用。

菜心腌渍要爽口，
一定要选新鲜刚采收的来制作。

（腌菜心）

不浪费衍生的清脆小菜

　　早期由于生活物质较匮乏，只要可以吃的食物都不会浪费，所以当蔬菜的菜叶或根、果实部位被食用后，看到粗壮的茎部丢弃很可惜，就拿来做腌渍菜，形成另一种口味。目前所留下的都是较可口的菜心种类，一般我们通称是菜心类，由于是属于嫩茎的部分，可以直接煮汤喝，也是不错的选择。常用的菜心有花椰菜的菜心、茼蒿的菜心，其实只要可以吃的菜心都可以做。但要选择嫩的部位，不要选择残存纤维质的部分。

　　至于菜心腌渍要爽口，一定要新鲜刚采收的，若放到菜已萎缩才加工，做出的腌渍菜就没有那么爽口。

制作流程

洗净

剥去外皮

 切段或切片

加入去籽的辣椒片

盐杀青

冷开水清洗

脱水沥干

调味料腌渍

装罐

完成

食谱

成品分量 约与去皮后的分量相同

制作所需时间 2 天

保存时间 7 天，需冷藏

材料 菜心 600g
　　　红辣椒 2 根
　　　盐 12g

调味料 盐 6g
　　　　细砂糖 75g
　　　　香油 15ml

做法

1 用刀将外皮剥除，再将菜心的粗纤维剥干净。

2 切成 0.5 厘米一小段，切太厚不易入味，切太细容易折断不美观。

3 切好后加入去籽的辣椒片。

腌菜心

4 用盐腌渍杀青，约30分钟。此时菜心略为软化出汁，将汁挤干或沥干，若还是太咸可以用冷开水冲洗。加入细砂糖、盐、香油拌匀，放入容器，移至冰箱冷藏，隔夜就可以吃。

注意事项

✤ 此道腌渍菜也可以用米醋、豆酱或味噌来腌渍，风味会更好。

✤ 剥完外皮后要注意是否残存粗纤维在外表，一定要清理干净才会爽口。

✤ 因此道菜的水分会较多，保存时间会较短，如果已走味或出现滑腻感就表示不能吃，如果仍想吃，一定要用热开水汆烫过再吃才安全。

烹调运用　此道为腌渍菜，用于做小菜或盘饰用，不适合烹调用。

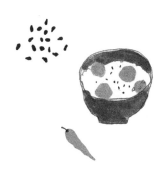

（腌大头菜）

一夜可食的美味酱菜

　　大头菜，也就是结头菜，一般产期在 11 月~次年 4 月，由于口感不错，再加上没有辛辣味又爽口，非常适合煮汤喝，通常煮法与煮萝卜汤一样，加些大骨或排骨来煮，汤头非常协调。另外就是用来做腌渍菜，不管是腌酱油、味噌或米豆酱，或有无加辣味，都很好处理，基本上仍是添加糖、盐、醋、酱油、味噌、米豆酱、辣椒为主要调味料。最近几年才出现加入红曲或其他的创意腌渍法，例如加入百香果或话梅。

　　在腌渍时，如果水分脱干后再来腌渍，则较易入味而不会有生青菜的味道。有时直接在滤网上加入重物让它稍微压干。重物不可过重，否则会影响成品外观。

可添加糖、盐、醋、酱油、味噌、米豆酱、辣椒
为主要调味料，腌渍一夜就是美味的腌大头菜。

制作流程

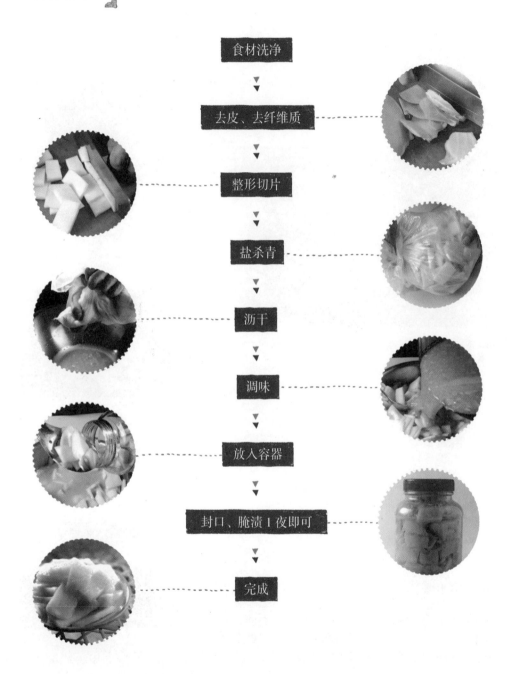

食材洗净

去皮、去纤维质

整形切片

盐杀青

沥干

调味

放入容器

封口、腌渍 1 夜即可

完成

腌大头菜

📟 **成品分量**　　600g

🕐 **制作所需时间**　　1.5 天

🍚 **保存时间**　　7 天，需冷藏

🍱 **材料**　　大头菜 1 颗（约 900g）

　　　　　　红辣椒 2 根（可不加）

　　　　　　盐 2%　　18g

🥢 **调味料**　　盐 2 小匙

　　　　　　米酒 1 大匙

　　　　　　细砂糖 1 大匙

　　　　　　陈年米醋 1 小匙（可不加）

　　　　　　味噌 1 大匙

👥 **注意事项**

亦可加豆瓣酱或酱油来调味，产生的风味不同。买到太老的大头菜，其表皮纤维较多，刀削时就必须将纤维部分削干净，吃起来才会美味。

🍳 **做法**

1 先将大头菜洗净，去皮。

2 切片，沥干备用。辣椒去蒂头，去籽，切丁备用。

3 大头菜片与辣椒丁拌匀，加入盐 18g。

4 混匀杀青，至少30分钟。

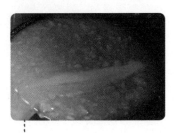

5 锅中放适量的水，加入米酒、盐、陈年米醋、味噌，煮滚放凉成调味料。

6 再将大头菜倒入纱网中。

7 挤去杀青的盐水后沥干。

8 把调味料倒入拌匀。

9 大头菜放入容器中。

10 封口、腌渍1夜即完成。

腌大头菜

烹调运用

此道为腌渍菜，用于做小菜或盘饰用，不适合用烹调用。

Chapter 3

果实类

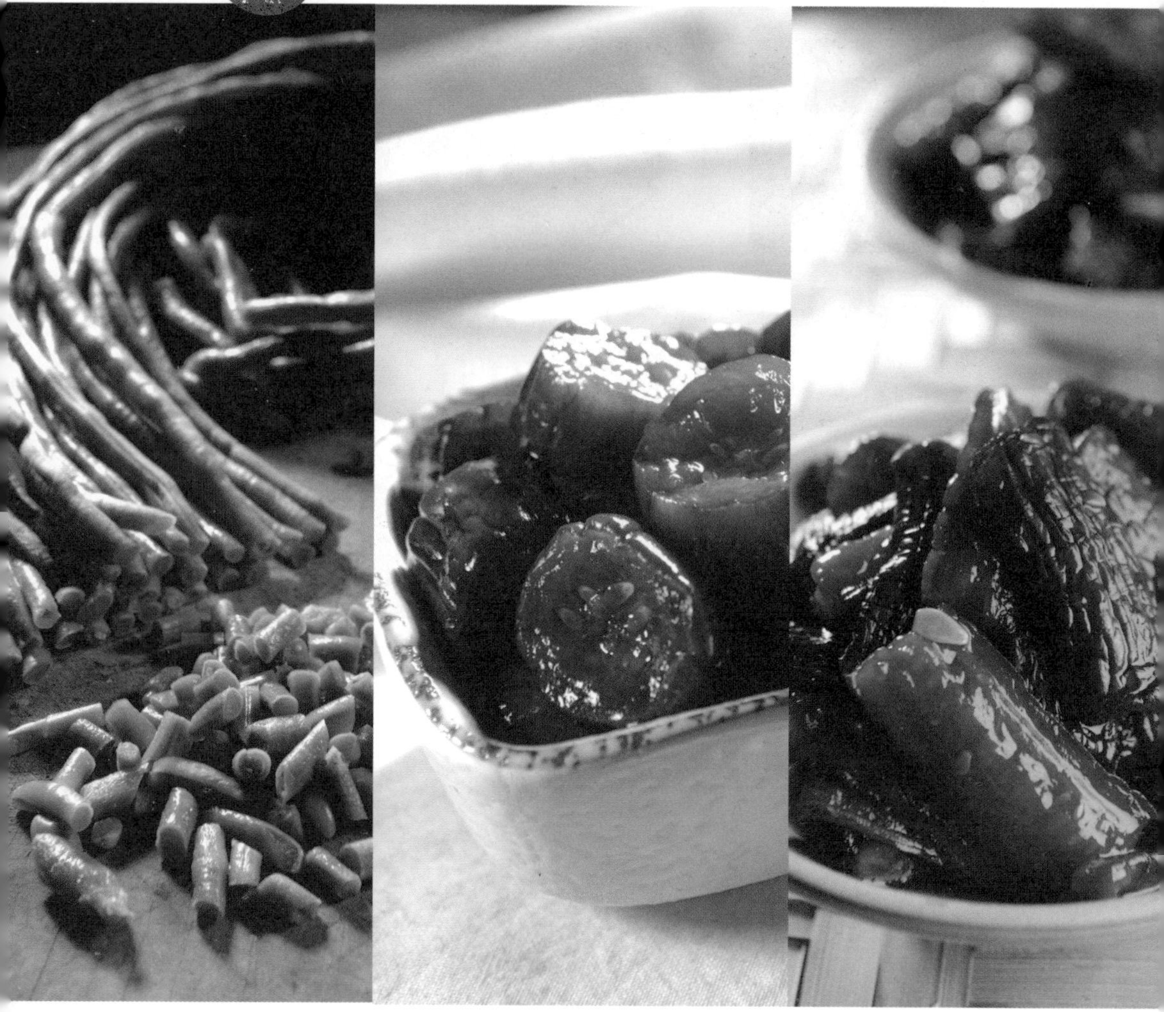

果实类或根茎类在腌渍上需要较久时间才能入味。

果实类或块状类的腌渍，首先要考虑到食材实体的大小、外皮是否可以直接吃、是否需要先去除外皮、处理后的形状大小是否一致……这些因素都会影响每批成品的整体风味及爽脆度。所以在制作的前处理时也要讲究刀工或分级处理。每一批尽量要求一致，尤其用盐腌渍或杀青时，脱水或软化的时间要抓准，才不会有很大的误差。

一般叶菜类的杀青软化停留 30 分钟即可，而根茎果实类则需要 30 分钟以上，甚至几小时，尤其是多汁的时间可较短，肉质结实少汁的一定要拉长杀青软化时间，或借助重物加速渗透作用。

在果实类或根茎类的腌渍上面或许需要较久的时间，但这一切是值得的，也是必须的。因为腌渍时间不够，味道就不入味，虽然能吃但不是理想的风味。所以在封罐处理上，每个刚完成的成品记得要贴上标签，避免日久之后无法辨识，因为很多腌渍的东西久了之后看起来都一样，所以别忘了每一罐或瓶都要贴制作标签。至于腌渍品是否可用在料理上，可能就牵涉个人的喜好，我个人的认知是已经可以即食的腌渍品，又何必再做一次加工料理。如果能再增加料理的风味，当然可以多拿来应用。例如：剥皮辣椒鸡汤，拿整罐的腌渍剥皮辣椒及酱汁煮一锅好喝的鸡汤，我就认为是超完美的结合。

（豆仔干）

太阳下的豆干香

小时候每当到夏天（5月～9月）时，就会看到伯母或邻居们每天忙着采长豆，用滚水烫过，放在竹盘中拿到晒谷场晾晒，傍晚又要收进屋内，第二天又做重复工作，一直到长豆都变成豆仔干为止。等到没有新鲜的长豆可吃时，才会将保存的豆仔干拿出来做料理，大都是加排骨下去煮汤。

2007年被邀请到彰化做农产品加工应用职业训练授课时，才接触到做大量豆仔干的生产家庭，他们利用自己设计的停车棚屋顶做晒场，非常方便且卫生。屋顶是铁皮做的，日晒时温度会很高，中午时铁皮上几乎无法站人，干燥速度很快。600g豆仔干大约卖400元（新台币）左右，听说都是供不应求。

豆仔干基本上越新鲜颜色越淡，放久之后则会变暗，有时如果新鲜的长豆颜色越深，做出来的豆仔干颜色也会越深，并不一定是放久的关系。

将豆仔干与排骨一起熬煮，汤呈琥珀色，
味道鲜美甘醇。

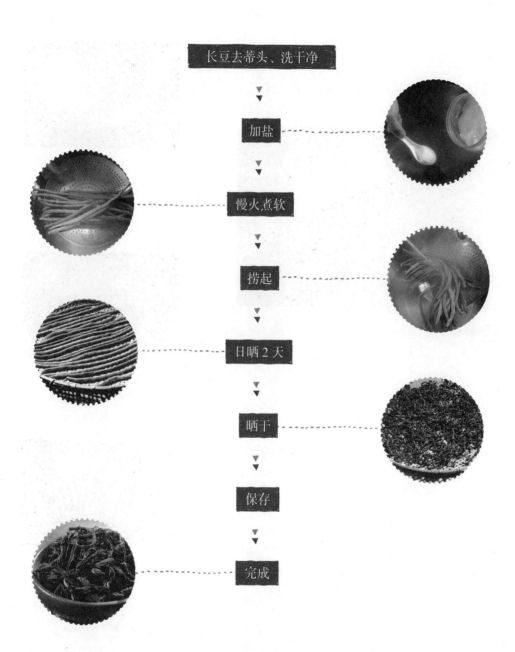

制作流程

长豆去蒂头、洗干净
▼
加盐
▼
慢火煮软
▼
捞起
▼
日晒 2 天
▼
晒干
▼
保存
▼
完成

豆仔干

179

食谱

⚖ **成品分量**　约原料量的 40%

🕐 **制作所需时间**　　3 ~ 4 天

🍲 **保存时间和方法**　　1 年以上，需冷藏

📋 **材料**　长豆 600g

　　　　盐 18g

📋 **注意事项**

✤ 要注意长豆的嫩度，做出来的品质才会好。

✤ 要注意长豆的颜色情况，颜色越深，晒出的豆仔干会越黑；颜色越淡，晒出的豆仔干会呈棕咖啡色，较美观。

✤ 制作时一定要先看天气情况，至少要出太阳 2 天以上的日子才可以做，否则容易发霉而导致失败。

✤ 盐可加，也可以不加。主要是晒的干燥程度会直接影响保存期。

🍳 **做法**

1 将新鲜的长豆去蒂头，洗干净，放入锅中，加入盐。

2 慢火煮。

3 煮软，捞起。

4 放置于晒场日晒 2 天，或少量时直接放于竹盘上晒。

5 将晒干的整把收束，或直接以约 10 厘米折断保存。

烹调运用

✤ **豆仔干炖肉食谱**

📋 **材料**

豆仔干 50g

五花肉 300g

水 1500ml

🍲 **调味料**

盐 18g

香油 4 茶匙

🔘 **做法**

1. 先将豆仔干折断成 5 厘米长段，用热水泡软，备用。

2. 起锅，加入 1500ml 的水，先将浸泡过的豆仔干下锅煮开，再加入切成片的五花肉，用中小火煮 25 分钟，最后加入调味料即可。

🍱 **注意事项**

料理时，先将豆仔干用热水泡软会较好处理，并节省时间。但也不要泡太久，避免香气流失。

凤梨豆酱腌渍完成后用于烹煮凤梨鸡、
竹笋汤、苦瓜汤，味道最协调。

（凤梨豆酱）[酱凤梨]

酸甜的果香酱料

凤梨豆酱在民间一般被直接称作酱凤梨。也就是将凤梨去皮后，添加其他调味料加以腌渍，使其产生特殊风味。在做酱凤梨时，凤梨品种的选择很重要，要选择偏酸带甜的口味，而且要选香气浓郁的品种，不要用太熟的，肉质要扎实。很多达人会建议用台湾土凤梨来腌渍，而且越酸越好。

在台湾一整年都有凤梨，所以整年都可以酱凤梨，一般大都是用米曲及黄豆曲（俗称豆婆或豆粕）去腌渍，形成腌渍类的标准风味。早期用米曲、黄豆曲或是黄豆米曲来腌渍食材时，大都喜欢用一个口诀：一碗米豆曲、一碗盐、半碗糖；一层米豆曲盐糖，一层材料，来做出各种腌渍酱菜，这样腌渍出来的口味都偏咸，但保存会更久，较不容易坏，不过如今因人们的健康意识加强，很多人不断地减盐减糖来做酱菜，还好家家户户有冰箱保存，不容易腐败。目前的腌渍口诀已改为：一碗米豆曲、一碗糖、半碗盐；一层米豆曲糖盐，一层材料。只要可以吃又不容易化掉成水的食材都可以做腌渍，读者不妨细心去体会吧！

制作流程

风梨切扇形片

将米豆曲与细砂糖、盐混合均匀

罐底先铺一层米豆曲糖盐

放入一层风梨

再放一层米豆曲糖盐

重复堆叠置满

最上层多放一些米豆曲糖盐

倒入米酒

加盖封口

腌3～6个月

完成

📊 **成品分量**　　同材料总量

🕐 **制作所需时间**　　半天

🍲 **保存时间**　　1年，保存在阴凉处，开封后需
冷藏

📋 **材料**　　凤梨肉 2kg

盐 150g

米豆曲 300g

细砂糖 500g

米酒 600ml

📖 **注意事项**

腌渍酱凤梨的凤梨，不要过度成熟，否则腌好时
容易碎烂。另外如果怕腌渍好的酱凤梨内的凤梨
会碎裂，在腌渍前保留凤梨芯就会改进此状况。

🍴 **做法**

1 将凤梨切成扇形片。

2 将细砂糖与米豆曲混合。

3 再加入盐。

4 均匀混合备用。

5 于罐底先铺撒一层米豆曲糖盐。

6 再放入一层凤梨。

7 然后放入一层米豆曲糖盐。

8 再放入一层凤梨，如此重复堆叠。装入时要尽量减少空隙，倒入米酒。

9 最上面要多放些米豆曲糖盐，然后加盖封口。

10 腌渍 3～6 个月，便可食用。

✣ 其他做法

材料　凤梨 1/4 个　　客家米酱 2 杯（480g）　豆瓣酱 2 杯（480g）

做法　1. 凤梨切块，不可有水分，加入客家米酱、豆瓣酱，腌渍 3 ~ 6 天，入味才可使用（最好放入冷藏保存）。

　　　　2. 也可用豆腐乳泡制，但要控制好豆腐乳的用量，如水分不足，可加入米酒至盖过凤梨即可。

注意事项　✣ 腌渍完成后用于烹煮凤梨鸡汤、竹笋汤、苦瓜汤，味道最协调。

　　　　　✣ 客家米酱是湿的产品，而豆粕是干的产品，豆粕加稀饭和米酒发酵后就成为米酱。

凤梨豆酱

烹调运用

✣ 酱凤梨苦瓜鸡汤食谱

材料

鸡腿肉 600g
酱凤梨块 100g
苦瓜 1 条
水 1.2kg

调味料

盐 5g
细砂糖 10g

做法

1. 将鸡腿肉剁块，氽烫，捞起备用。

2. 苦瓜去籽囊，切片，氽烫去苦水，备用。

3. 汤锅加水煮滚，加入鸡腿肉块、酱凤梨块、苦瓜片一起煮滚，再转中小火煮 40 分钟，熄火前加入调味料即可。

注意事项

✣ 鸡腿肉可氽烫也可不氽烫，但要洗干净。

✣ 酱凤梨要切小块再使用，注意酱凤梨的咸度会影响汤头的味道。

用树子做料理时所产生的回甘滋味很特别，
尤其是用来蒸鱼时。

（树子）

最单纯的农家菜配料

树子，其实就是破布子，每年的 6 月～8 月为盛产期，成熟的树子大概只有 15 天的收成期，因为野生居多，从来不需喷洒农药，在加工后，只要加入盐或酱油就会慢慢凝结成块状。用树子做料理时产生回甘的滋味很特别，尤其是用来蒸鱼时，深获农民的喜爱。以前在传统市场就可以买到新鲜树子回家自己加工，现在却很不容易买到，但做好的树子在各处的商店或超市都有卖。

在传统的加工时期，加工树子所用的模子不同会产生不同形状，让消费者误以为是不同的产品，其实是相同的。早期常出现碗装成块的树子，或是用盘装成块，再切割，所以有圆形及四方形。目前用玻璃瓶罐装，反而成散状，较少出现块状。早期破布子加工很单纯，将树子洗干净后，放于锅中用水煮，水要淹过树子大约 7 厘米才会够，因为它需用大火煮滚，再持续用小火煮 2～3 小时才能去除树子的苦涩味，再加盐、酱油及甘草等调味料拌匀，最后倒入平盘模具中，并将树子表面的酱汁倒出留用，等树子冷却凝结成块状时，分装后再补加原酱汁即成。

制作流程

树子洗净

▼

加水腌过树子

▼

煮滚

▼

放入调味料

▼

小火煮 2 ~ 3 小时

▼

 捞起、拌盐、放入瓶中

▼

加入酱汁腌过树子

▼

加盖封口、腌 3 天

▼

完成

食谱

🔲 **成品分量** 同材料总量

🕐 **制作所需时间** 1 ~ 4 天

🍲 **保存时间** 1 年，保存在阴凉处，开封后需
冷藏

📋 **材料** 树子 1.8kg

🍱 **调味料** 盐 50g
细砂糖 30g
甘草 10 片（可不加）
姜末 30g（可不加）
酱油 50ml（可不加）
米酒 50ml（可不加）

🍽 **做法**

1 将树子洗净，放入锅
中，锅中加水淹过树子
约 7 厘米，煮滚。

2 煮滚后可放入细砂糖、
甘草、姜末调味料（也
可以不加此调味），小
火慢煮 2 ~ 3 小时。将
树子捞起，加盐拌匀，
放于碗、盘或瓶罐中。

3 再均匀压平，冷却后可
分装，再加入酱汁腌过
树子。

4 加盖封口，大约腌 3 天
即可食用。

🔖 **注意事项**

在煮树子时，不可一开始就加盐下去煮，一旦加盐就会将树子
凝固。

烹调
运用

✣ **树子煮豆仔鱼食谱**

📋 **材料**

豆仔鱼 2 条
（约 450g）
树子 2 大匙
（约 30g）
姜丝 2 大匙

🍴 **调味料**

树子汤汁 3 大匙
米酒 1 大匙
盐 1/2 小匙
酱油 1 小匙

🍳 **做法**

1. 豆仔鱼洗净，剖肚、去内脏，摆盘。

2. 将树子、姜丝与调味料均匀加在鱼身上，放入
蒸笼中大火蒸 10 分钟至鱼熟即可。

🔖 **注意事项**

✣ 豆仔鱼的内脏要处理干净，这样蒸的鱼肉香味
才会突出。

✣ 每家生产的树子咸度可能不一，使用时要先试
口味再做调整。

（今朝黄金脆瓜）［腌越瓜］

下饭腌酱菜

越瓜又称白瓜，盛产于7月~9月，一般都用在加工上，较少用于鲜食。小时候不喜欢吃新鲜的越瓜，因为新鲜采来吃没味道，都会选择大黄瓜吃。看见伯母们在越瓜收成时，用刀将大的越瓜从头至尾切成四等份，若小的就切成两等份，去掉籽后，就拿盐去搓揉表面，然后拿到太阳底下晒，到半干即可收起来做加工。目前传统市场上都有卖半成品，将半成品拿回家后，先用水洗干净再浸泡，取出挤干水分后，即剁碎，与绞肉拌匀，或加入一些蒜末及调味料，装入碗中蒸熟，就是一道好吃的早餐配菜，爽口又下饭。在农忙时期，农民每日的五餐中，其中的两次点心餐几乎都配有这道菜，应该是准备简单又好配饭的关系。另外拿越瓜脯切片做脆瓜鸡汤也是很方便的一道料理。

不过下面介绍的脆瓜做法，是结合日本奈良渍的做法，我非常喜欢也非常拿手，这是我的私房菜。

用越瓜脯切片做脆瓜鸡汤
是很方便的一道料理。

制作流程

越瓜剖开、去籽

切块

加盐抓拌

腌渍 24 小时

出水

倒掉盐水

重压 8 小时

去盐水

用冷开水冲洗

切小条状

放入冷开水中释出盐分

捞起、挤干水分

↓

第一次加入配料煮成酱汁

↓

将酱汁倒入压干的越瓜条中

↓

腌渍 24 小时

↓

越瓜条捞起挤干

↓

倒出旧酱汁

↓

第二次重新用新的配料酱汁煮滚

↓

趁热再冲回越瓜条中

↓

腌渍 1 ～ 2 天

↓

倒出旧酱汁

↓

越瓜条挤干

↓

第三次重新用新的配料酱汁煮滚

▼

趁热再冲回越瓜条中

▼

腌渍 3 ~ 5 天

▼

再滤出酱汁

▼

 越瓜条放入干净的玻璃容器中

▼

将第三次滤出的酱汁加上第四次配料

▼

小火煮至浓稠状

▼

倒入装满越瓜条的玻璃瓶中

▼

密封保存

▼

完成

今朝黄金脆瓜

197

食谱

📠 **成品分量**　原料量的 35%

🕐 **制作所需时间**　约 10 天

🍲 **保存时间**　1 年，保存在阴凉处，开封后需冷藏

📋 **材料**　越瓜 18kg

盐 1kg（可增减）

冰糖（或细砂糖）3kg

（第一、二次各 600g，第三次 1.2kg，第四次 600g）

20 度米酒 1.8kg

（第一、二、三次各 600g）

味噌 1.8kg

（第一、二、三次各 600g，使用嫩味噌较好）

🔍 **做法**

1 先腌越瓜。越瓜擦干（不可水洗），剖开，用汤匙将内籽挖除，再切成大块，加入 1kg 盐，将盐抹匀后腌渍 24 小时，至出水。

2 用释出的盐水洗净瓜块后倒掉盐水，用重物或大石块压 8 小时。

3 去掉盐水。若仍怕太咸，
可再用冷开水冲洗。

6 瓜条捞起，放入筛网中，
挤干水分，备用。

4 将挤干的瓜条切成适合
大小的条块状。

7 第一次配料用冰糖 600g
加米酒 600g，倒入锅中。

5 如果还是怕太咸，也可
将瓜条放入冷开水中泡
至可以接受的咸度。

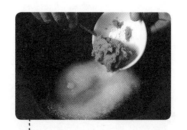

8 再倒入味噌 600g，煮滚，
煮成酱汁。

今朝黄金脆瓜

9 将煮滚的酱汁，熄火后趁热倒入已切好压干的越瓜条中。

11 第三次再将酱汁滤出，倒掉，越瓜条挤干，重新煮滚配料，此次配料中的冰糖或细砂糖需多加600g（即细砂糖1.2kg、米酒600g、味噌600g）一起煮滚后，改小火熬煮1～2小时至酱汁成浓稠状。趁热混合瓜条，腌渍3～5天。让越瓜的汁液彻底释出，酱汁转而渗透入瓜肉内。再滤出酱汁。

10 等整锅越瓜条与酱汁腌渍24小时后，再将越瓜条捞起挤干，并将锅中的旧酱汁倒掉。第二次再重新用新的配料酱汁煮滚，趁热再冲回越瓜条中，腌渍1～2天，让越瓜的汁液慢慢释出，而酱汁转而渗透入瓜肉内。

12 将第三次渍好的越瓜条捞起，分别放入干净的玻璃容器中，备用。

13 同时将滤出的酱汁加上第四次的配料细砂糖 600g（煮的过程中也可加入红辣椒产生辣味），煮滚后改小火熬煮至酱汁成浓稠状，熄火。将煮滚后的酱汁分别倒入已放满瓜条块的玻璃罐中，立刻密封即可。

注意事项

✤ 若想要保存久一点，制作完成之后每隔一星期滤出酱汁，回煮 1 ~ 2 次则可常温保存，如太咸或不够甜，回煮时可酌加细砂糖。

✤ 本成品因没加防腐剂，开封后需冷藏保存。

✤ 18kg 的越瓜，大约可做 14 罐 450ml 的成品。越瓜不要找太大的，肉质会较差。

烹调运用

此道菜为腌渍菜，用于做小菜或盘饰用，不适合烹调用。若只是做成越瓜脯时，则可用下列食谱：

✤ 越瓜脯炒肉丝食谱

材料

越瓜脯 300g
猪肉条 300g
红辣椒 2 根
色拉油 6 大匙

调味料

细砂糖 1 小匙
香油 2 大匙

做法

1. 越瓜脯洗净浸泡 20 分钟，取出挤干，切成小条状。

2. 猪肉条裹一层淀粉，备用。

3. 起锅倒入 6 大匙色拉油，猪肉条炒熟，加入切段的红辣椒及越瓜脯条拌炒，再加入调味料炒匀即可。

注意事项

✤ 越瓜脯用越新鲜的，色泽会越漂亮。

✤ 要注意到越瓜脯的咸度，一般出售的越瓜脯会加较多盐分，比较不容易坏，使用前一定要做去盐去咸处理。

波浪脆瓜脆而爽口，
且没有死咸感，是一道基础腌渍菜。

（今朝波浪脆瓜）

波浪形的爽脆口感

波浪脆瓜是加工腌渍小黄瓜时，用波浪刀将小黄瓜切成波浪形而得名，在市场上以"金兰"的波浪脆瓜较有名。我小时候非常喜欢吃，因为它腌过之后仍然脆而爽口，而且没有死咸感。现在我更喜欢用菜心取代小黄瓜，感觉它比小黄瓜更脆，这是一道可随心所欲的基础腌渍菜。

小黄瓜要在腌渍中扮演脆的角色，关键在于用盐杀青时，盐的比率是2%，盐分太高或太低都不适合，腌渍时间也不可太长。如果是已处理好的片状或小段状，腌渍时间大约30分钟即可，如果是整条就需2～8小时。其实时间的长短与食材大小、新鲜程度以及外皮厚薄都有关，不要思考太僵化，灵活去应用，腌渍是一种愉快的分享，有期待最圆满。

除非自己动手做，市售的脆瓜或其他腌渍品，一般是由有规模的腌渍厂生产的，或多或少都添加了国家允许的合格添加物，只有少数黑心厂商才不择手段地乱加，食物以吃得安全最重要。至于是否用于料理，只要喜欢都可以。

制作流程

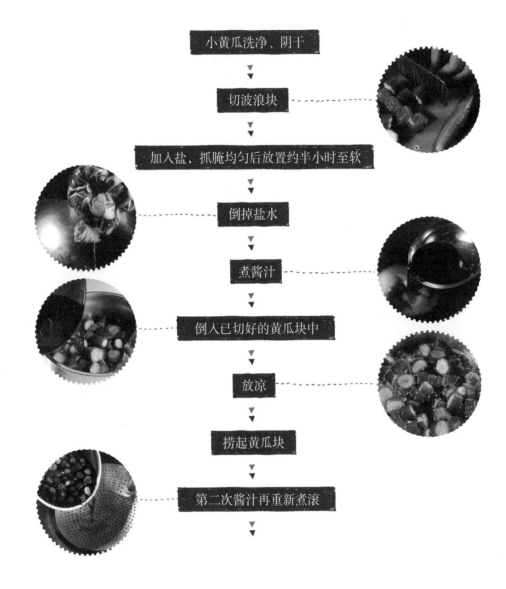

小黄瓜洗净、阴干

▼

切波浪块

▼

加入盐，抓腌均匀后放置约半小时至软

▼

倒掉盐水

▼

煮酱汁

▼

倒入已切好的黄瓜块中

▼

放凉

▼

捞起黄瓜块

▼

第二次酱汁再重新煮滚

▼

Chapter

3

果实类

第二次再冲回黄瓜块中

放凉后，冷藏1天

第三次酱汁再煮滚

第三次冲回黄瓜块中

第四次酱汁再煮滚

黄瓜块捞起放入干净的玻璃容器中

酱汁充满

密封即可

完成

食谱

成品分量 原料量的 60%

制作所需时间 3 天

保存时间 1 年，保存在阴凉处，开封后需冷藏

材料 小黄瓜 3kg（亦可用菜心）

盐 37.5g（可增减）

冰糖或细砂糖 600g

酱油 900g（酱油的不同品牌会影响成品的色泽与咸度）

20 度米酒 0.5 ~ 1 碗（200ml，最好加入，有特殊风味）

做法

1 小黄瓜洗净、阴干（或擦干），切波浪块（切的长度约 1.5 厘米，切太短加入酱汁后会缩皱，外观不好看）。

2 加入盐，抓腌均匀后放置约半小时，黄瓜块会略软，倒掉盐水。若仍怕太咸，可再用冷开水冲洗。

Chapter

3

果实类

206

3 将米酒和冰糖放入锅中，煮至没有酒精味。

6 等整锅黄瓜块及酱汁放凉。

4 加入已定量好的酱油，煮成酱汁（煮的过程中也可加入红辣椒产生辣味）。

7 将黄瓜块捞起，锅中的酱汁再重新煮滚。

5 煮滚的酱汁，熄火后马上倒入已切好的黄瓜块中。

8 再次将酱汁冲回黄瓜块中。

9 放凉后，冷藏1天（半天也可），让小黄瓜的汁液慢慢释出，酱汁转而渗透入瓜肉内。

11 并将酱汁充满，密封即可。

10 将酱汁滤出，煮滚，再次冲回黄瓜块中（第三次再煮滚）。再重复一次（第四次再煮滚），量少时，此步骤可省略。将酱好的黄瓜块捞起放入干净的玻璃容器中。

12 因未加防腐剂，本成品需冷藏保存。

Chapter

3 果实类

烹调
运用

÷ **鸡爪脆瓜汤食谱**

🔲 材料

鸡爪 600g
波浪脆瓜及汁 200g
水 1.2kg

➖ 调味料

盐 5g
细砂糖 10g

🔵 做法

1. 将鸡爪剁块，氽烫，捞起备用。

2. 汤锅加水煮滚，加入鸡爪块，再倒入波浪脆瓜及汁一起煮滚，再转中小火煮40分钟，熄火前加入调味料即可。

📋 注意事项

÷ 鸡爪可氽烫或不氽烫，但要洗干净，去除指甲再用。

÷ 脆瓜不需要切块，而且连汁一起下锅。注意脆瓜的咸度会影响汤头的味道。

今朝波浪脆瓜

脆瓜的第二种做法：
切成长条形腌渍可以更快完成，口感也不一样。

（今朝醋脆瓜）

长条形的爽脆口感

　　这是脆瓜的第二种做法，不切成波浪形，而是直接切成长条形。这样比较好操作，另外做成成品的时间会缩短，可节省一半时间，民间很多家庭主妇用此法。原理都一样，处理过程稍有改变。

　　或许有读者要问：切的形状与脆度和口感有关系？当然有关系，例如吃凉面时配的小黄瓜丝，用刨丝与切丝就有不同的感觉，刨丝很方便，但吃起来较软，切丝就会有脆的感觉。另外酱汁回冲要注意什么？主要是将腌渍过的酱汁过滤出来，利用加热法将酱汁内的多余水分煮滚挥发掉，这样可以保有酱汁的咸度，产品才不会坏。在锅中拌炒时要注意火候，不要太大火，避免烧焦。

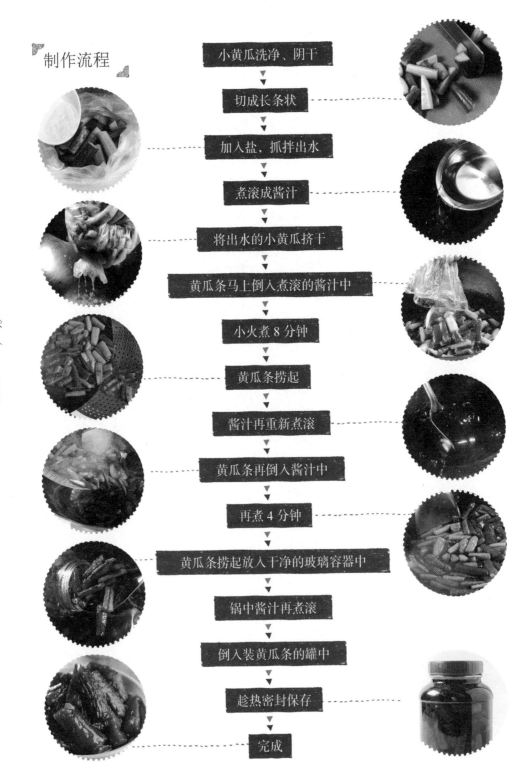

制作流程

小黄瓜洗净、阴干
↓
切成长条状
↓
加入盐，抓拌出水
↓
煮滚成酱汁
↓
将出水的小黄瓜挤干
↓
黄瓜条马上倒入煮滚的酱汁中
↓
小火煮 8 分钟
↓
黄瓜条捞起
↓
酱汁再重新煮滚
↓
黄瓜条再倒入酱汁中
↓
再煮 4 分钟
↓
黄瓜条捞起放入干净的玻璃容器中
↓
锅中酱汁再煮滚
↓
倒入装黄瓜条的罐中
↓
趁热密封保存
↓
完成

Chapter
3
果实类

食谱

📇 **成品分量**　原料量的 70%

🕐 **制作所需时间**　1 天

🍲 **保存时间**　1 年，保存在阴凉处，开封后
　　　　　　　需冷藏

📦 **材料**　小黄瓜 2.4kg

　　　　　细砂糖 1 碗（200g）

　　　　　酱油 2 碗（400ml）

　　　　　（不同品牌的酱油会影响成品的色泽
　　　　　与咸度）

　　　　　米醋 1 碗（200ml）

　　　　　盐 48g

🎯 **做法**

1 小黄瓜洗净、阴干（或
擦干），切段，切成长
条状（切的长度为 2 ~
3 厘米，再剖成 4 片。
切太短，用酱汁腌渍后
会缩皱，外观不好看）。

2 加入盐，抓拌出水。

3 将已定量好的酱油和细砂糖放入锅中。

6 将小黄瓜条马上倒入煮滚的酱汁中。

4 加入米醋，煮溶、煮滚成酱汁（煮的过程中也可加入红辣椒，产生辣味）。

7 用小火煮8分钟，煮的期间要不断地翻搅。

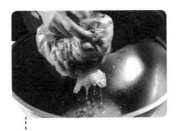

5 再将出水的小黄瓜条挤干。

8 8分钟后再将黄瓜条捞起。

9 将锅中的酱汁再重新
煮滚。

12 将锅中酱卤好的黄瓜条
捞起放入干净的玻璃容
器中。

10 将黄瓜条再次倒入酱
汁中。

13 并重新将锅中酱汁煮滚,
倒入已装有黄瓜条的玻
璃罐中。

11 此次再煮4分钟。

14 趁热密封即可。本成品
因没加防腐剂,需冷藏
保存。

今朝醋脆瓜

✛ 其他做法一：**醋腌小黄瓜**

🍱 材料

小黄瓜 3kg

🍱 调味料

米醋 1 碗（200ml）
（酸度为 4.5 度）
酱油 2 碗（400ml）
冰糖 2 碗（400g）
红辣椒 依喜好添加
香菇素蚝油 半碗（100ml）

🍶 做法

1. 将小黄瓜洗净切条或切片。
2. 将调味料酱汁煮开，再倒入已处理好的小黄瓜条，煮开，变色捞起。
3. 先将小黄瓜条与酱汁分开放凉，再装入瓶中，放入冰箱保存。

📋 注意事项

✛ 煮开的小黄瓜不可以浸泡在热的酱汁中，否则小黄瓜会变得不脆。有余热时，千万不要盖盖子，避免黄瓜被闷到变黄。

✛ 本成品因没加防腐剂，所以一定要放在冰箱保存。

✛ 在做腌渍菜时，一定要注意添加醋的酸度，酸度一定要协调才不会被误解成腐败现象。一般市面上卖的醋有几种常见酸度：

1. 酸度未达 4.5 度的醋。
2. 酸度达国家标准 4.5 度的醋。
3. 酸度在 6 度的醋。
4. 酸度在 10 度的醋。

✤ 其他做法二：腌小黄瓜

材料

小黄瓜 600g
盐 12g

调味料

蒜末 10g
辣椒酱 50g
细砂糖 24g
盐 12g
香油 10ml

做法

1. 小黄瓜洗净，切去头尾，加入盐抹匀，搓揉小黄瓜至出水，装入塑料袋，用重物压 1 天，让它慢慢出水，使用时倒去盐苦水，沥干。
2. 将腌渍好的小黄瓜切小段后，拌入调味料，调匀即可。

注意事项

也有人将腌好的小黄瓜，改用芥末酱去调味，很好吃，但要注意将芥末酱的用量控制好，才会好吃。

烹调
运用

✤ 腌小黄瓜炒五花肉食谱

材料

腌小黄瓜 2 条
五花肉 100g
红辣椒 1 根
蒜头 3 粒

调味料

细砂糖 10g
色拉油 20ml

做法

1. 蒜头去皮切末，五花肉切片，红辣椒切末，腌小黄瓜切片。
2. 热锅，先爆蒜末，加入五花肉片炒熟。
3. 再加入红辣椒末，腌小黄瓜片拌炒。
4. 最后加入调味料拌匀即可。

注意事项

大部分的青菜炒肉都是如此做法，记住步骤便可举一反三。

✢ **其他做法三：腌黄瓜**

材料

小黄瓜 600g
盐 12g

调味料

辣椒酱 5g
细砂糖 50g
盐 30g
酱油 100ml
水 200ml

做法

1. 小黄瓜洗净，切去头尾，加入盐搓揉抹匀，腌渍约 1 小时。

2. 倒掉盐苦水，再搓揉小黄瓜至软化，装入塑料袋，用重物压 1 ~ 2 天，让它慢慢出水，使用时倒去盐苦水，沥干。

3. 将调味料煮滚，放凉备用。

4. 将腌渍好的小黄瓜切段后，放入罐中，拌入调味料，封罐，腌渍 1 星期即可。

注意事项

✢ 腌渍小黄瓜时，重物压的重量要控制好，不可太重或太轻，最好压一段时间后就要去翻转一次，若压得均匀颜色会很漂亮。

✢ 调味料可依自己的喜好做调整，以便做出各种不同的风味及色泽。

（酸豇豆）

夏天限定的腌渍风味

　　豇豆的生产期在每年的 5 月～9 月，一般在眷村地区，腌渍豇豆的非常多。豇豆外表就像嫩菜豆，所以很多人也用嫩菜豆来做，只要是嫩的长豆都可以用来做酸豇豆。

　　在夏天的这个季节来制作腌渍菜，其产品的酸度会因为空气中充满醋酸菌类而酸度较高。但一般人喜欢腌渍菜是因为它的自然协调度，不要一味追求酸度，要追求整体的协调性。

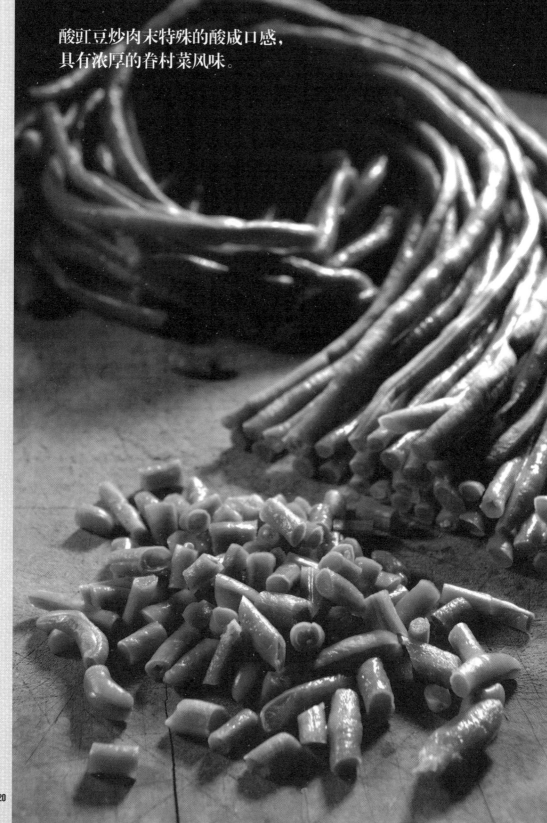

酸豇豆炒肉末特殊的酸咸口感，
具有浓厚的眷村菜风味。

制作流程

 豇豆清洗

▼

晾干

▼

 置于酱缸中

▼

倒入已煮的盐水

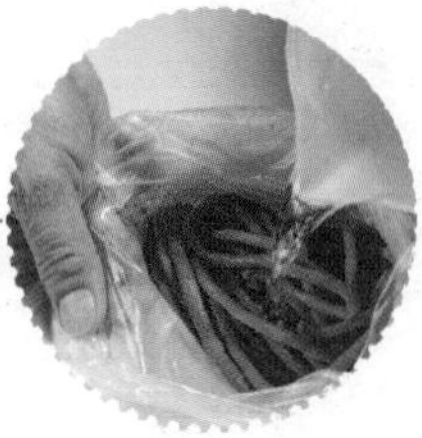

▼

 密封发酵 15 天

▼

完成

酸豇豆

成品分量 同材料总重

制作所需时间 18 天

保存时间 1 年，保存在阴凉处，开封后需冷藏

材料 豇豆 600g
盐 12g

调味料 盐 6g
酒 20ml（可不加）
花椒粒 适量（可不加）
水 1000ml

做法

1 将豇豆洗净，沥干水分。

2 置于容器，加入盐拌匀，腌渍约 30 分钟。

3 加入花椒粒、盐、水煮滚，放凉备用。

4 倒掉杀青的水，将放凉的调味料水倒入容器，密封放置于阴凉处约 15 天即完成。

注意事项

豇豆要选对品种。

酸豇豆

烹调运用

✧ 酸豇豆炒肉末食谱

材料

酸豇豆 300g
绞肉 120g
红辣椒 1 根
色拉油 60ml

调味料

细砂糖 30g
香油 30ml

做法

1. 将酸豇豆洗净，切去蒂头，再切成细末，红辣椒也切成圆片，备用。

2. 热锅，加入色拉油 60ml，先炒红辣椒片及绞肉，再加入酸豇豆末炒熟，加入调味料即可。

注意事项

酸豇豆要用水洗干净，不要残留酱缸味。

酱冬瓜，除做餐点小菜配饭外，
常用于蒸的料理。

（酱冬瓜）[冬瓜绵]

透明淡茶色的增鲜配料

　　每年的 5 月 ~ 9 月是冬瓜盛产期，可以在乡下池塘边、水沟边，看到用竹子搭建的菜棚结满冬瓜，若不是要做生意的，通常吃不完会送给亲朋好友或邻居，借此联系感情，至今都是这种情景。虽然冬瓜不值钱，但我喜欢这种感情的联系，吃在嘴里暖在心里。冬瓜一般可保存一年之久。冬瓜现切削皮煮汤喝，或做客家人喜欢做的冬瓜封都很美味。我一直认为客家人的"封"是蔬菜拿来红烧就成封，如用冬瓜烧菜变成冬瓜封。冬瓜的利用非常广，早期的凤梨馅大都是用冬瓜替代的，还有连皮煮成冬瓜茶或做成冬瓜糖块，或切厚块直接日晒，用盐腌米酱做成酱冬瓜，若腌渍的时间够久，冬瓜肉都已分解融化成透明软烂的状态，就成为冬瓜绵，如棉絮的形状。每个阶段风味与口感都不尽相同，但若能腌渍出淡茶色则较为美观，一般还是以口感最重要。酱冬瓜，除做餐点小菜配饭外，常用于蒸的料理，如：酱冬瓜蒸绞肉或碎肉，若用有一点肥的碎肉与酱冬瓜一起拌匀去蒸，味道很好，只是要注意咸度。煮鱼时，上面放些酱冬瓜可以提鲜味。小时候我常吃酱冬瓜煮肉片汤，方便又有味道。妈妈煮冬瓜封时都是煮一大盘，只要不是太咸，我都把它当饭吃。这些大概是三、四年级的人才有的领会。

制作流程

冬瓜洗净、擦干

▼

切6厘米厚的环片

▼

去皮 -----------

▼

切成8厘米长块

▼

去籽 -----------

▼

冬瓜表面均匀抹上盐

▼

晒1小时 -----------

▼

出水

▼

倒掉盐水

▼

再晒

▼

抹盐腌渍一晚

▼

第二天倒去盐水

▼

再排盘日晒，重复2天

▼

用米酒清洗冬瓜上的灰尘

▼

擦干

酱冬瓜

 拌匀调味料

▼

冬瓜排入容器内

▼

 注满米酒

▼

封罐

▼

阴凉处放置约2个月

▼

完成

食谱

📷 **成品分量**　　原料量的 30%

🕐 **制作所需时间**　　3 天

🍲 **保存时间**　　1 年以上，置于阴凉处保存

🗂 **材料**　　冬瓜 1.8kg

　　　　　　盐 60g

　　　　　　米酒 300ml

🍴 **调味料**　　米豆曲 200g

　　　　　　　盐 120g

　　　　　　　细砂糖 2 大匙

　　　　　　　米酒 5 大匙

📍 **做法**

1 将冬瓜外皮洗净、擦干，切成每一环 6 厘米左右的厚度，去皮。

2 再切段，每段长度约 8 厘米。

3 去籽。

4 用2/3的盐抹在已切段的冬瓜四周表面。

6 第二天倒去盐水，再排盘日晒，如此重复约需2天左右，此时冬瓜约剩六成水分。

5 先腌渍1小时让冬瓜软化出水，倒掉盐水，放于竹盘，开始日晒，傍晚回收后，再抹上其余1/3的盐，均匀腌渍一晚。

7 要腌渍时，再用米酒快速漂洗干净冬瓜外表的灰尘，沥干或擦干。将调味料米豆曲、盐、细砂糖放入盘中。

8 拌匀备用。

9 拿干净的玻璃瓶，最底层先加一些拌好的调味料，再加入冬瓜排好。

10 再放上一层调味料，最上层通常都是放调味料，最后再注入米酒满至瓶口。

11 封罐腌渍，时间愈久颜色愈深，满三个月就可以食用了。

注意事项

✤ 腌渍要满三个月才可以食用。

✤ 要颜色好看，使用的豆曲要用黄豆做的豆曲或米曲，不过一般都用米曲与黄豆曲混合的米豆曲，一般称豆粕，其混合比率大约是黄豆曲 9 ：米曲 1。

✤ 晒过的冬瓜不可再碰水，腌渍过程中才不会坏掉，但必要时可使用米酒处理。

✤ 日晒时间一定要充足，冬瓜残留水分少，口感较好，也较不容易坏。

✤ 切冬瓜块的大小要注意与装罐的口径一致，才不需要再加工一次，因为干的与湿的冬瓜块大小差很多。

✤ **其他做法**

材料

冬瓜 4kg
盐 200g

调味料

米曲 5 碗（约 750g，
发酵好的米曲）
盐 1 碗（200g）
细砂糖 2 碗（2.4kg）
米酒 适量（约 4 瓶）

做法

1. 冬瓜去皮、籽，切成 5 厘米厚环型，放于日光下晒 6 ~ 7 小时后，再分切成约 5 厘米方块。也可以直接切成块状再晒。

2. 加盐 200g 充分搓匀，再置于干净容器中，以重物镇压 1 夜，第二天取出再晒 1 天，待自然降温后才进行腌制。若不够干可多晒 1 天。

3. 将米曲、盐、细砂糖充分拌匀成调味料，以一层米曲糖盐一层冬瓜的方式，装入容器内，最后再注满米酒，封罐，置于阴凉处约 2 个月即可取用。

注意事项

✤ 最好使用肉厚结实的冬瓜，腌渍后才不会太烂。

✤ 如果直接用米酱来腌也是可以的，注意咸度是否够。

烹调
运用

÷ **冬瓜笋片汤食谱**

材料

鸡腿 2 根

中型竹笋 1 颗

酱冬瓜 2 片

酱冬瓜酱汁 2 大匙

嫩姜 1 小块

水或高汤 2000ml

做法

1. 鸡腿切块，氽烫备用，竹笋去壳，除底部粗纤维，用滚刀切小块。嫩姜洗净切片。

2. 将竹笋块放入 2000ml 的高汤中，鸡腿块、酱冬瓜、酱冬瓜酱汁一起入锅煮滚，再用小火煮 30 分钟即可。

3. 因酱冬瓜是咸的，并不需要加盐，反而要控制咸度，若太咸可多加些水或高汤。

注意事项

因冬瓜属寒凉之性，一般料理时都会加姜片去抵消，但久病未愈或严重腹泻者应少吃。

（剥皮辣椒）

回甘无穷的煮汤配料

　　剥皮辣椒所用的辣椒一般俗称青辣椒，长度至少要 10 厘米以上，辣椒皮要选平滑的，以利于剥皮，肉质要结实的。在花莲是用牛角辣椒，在大陆是用虎皮辣椒，它们的共同特点是辣椒的肉质要厚些，辣度很低，好加工也好食用，所以一般的红辣椒，如朝天椒或甜辣椒都不适用。一般是整年都有青辣椒，特殊品种例外。剥皮辣椒是因为剥去皮及籽，可以纯吃到辣椒的肉，所以很好咬食，再加上腌渍的调酱若配得协调，不但甘甜、脆口，每一口都有回甘的感觉。若要做出好吃回甘又脆口的剥皮辣椒，首先一定要选对辣椒，可以托花莲的朋友买牛角辣椒来做做看，但听说它们是被契作（契约耕作）的，一般不会流到市面上贩卖。市面上卖的青辣椒，不是都可以做，太辣也不行，可不可以做直接问老板最可靠。千万不要为了自己加工方便，挑太小的辣椒，会太费工。辣椒剥皮有两种做法：一是用高温的油炸，油温控制在 200℃左右，辣椒要下锅前一定要擦干，不要有水分，只要辣椒皮膨起变白色即可捞起，将油沥干，放入冰水中会较好剥。另一个方法是用滚水煮，像剥番茄皮一样处理，一般而言，油炸的较好剥。腌渍时要注意酱汁的协调度，为了加强回甘效果，大都先熬甘草片成甘草水来调味，酒味也有增香效果，用蒸馏酒或酿造酒皆可，熬煮之后只会留下酒香味而没有酒精。剥皮辣椒在民间的烹调菜色几乎都是剥皮辣椒鸡汤，其余的请自己去发掘吧！

腌制剥皮辣椒的调酱若配得协调，
不但甘甜、脆口，每一口都有回甘的感觉。

制作流程

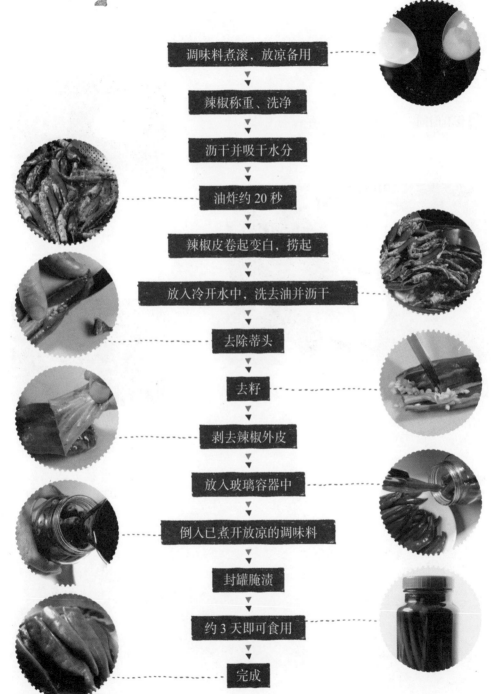

调味料煮滚，放凉备用

▼

辣椒称重、洗净

▼

沥干并吸干水分

▼

油炸约 20 秒

▼

辣椒皮卷起变白，捞起

▼

放入冷开水中，洗去油并沥干

▼

去除蒂头

▼

去籽

▼

剥去辣椒外皮

▼

放入玻璃容器中

▼

倒入已煮开放凉的调味料

▼

封罐腌渍

▼

约 3 天即可食用

▼

完成

剥皮辣椒

食谱

📷 **成品分量**　原料量的 30%

🕐 **制作所需时间**　半天

🍲 **保存时间**　1 年以上，保存在阴凉处。开
封后需冷藏

🍴 **材料**　牛角椒或青皮辣椒 600g
色拉油 2 碗（400ml）
冷开水 1 盆（3000ml）

🥢 **调味料**　酱油 240ml
水 600ml
黑醋 60ml（或不加）
素蚝油 60g（或不加）
细砂糖 3 大匙
盐 1 大匙

🍳 **做法**

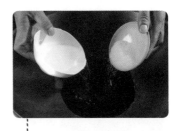

1 将调味料依比例混合煮
滚，放凉备用。

2 将青皮辣椒称重、洗干
净。沥干并吸干水分
后，分批放入油温已
达 200℃以上的油锅中，
快速油炸约 20 秒。

3 至青辣椒皮稍微卷起变白，即可捞起，放入已准备好的冷开水中，洗去油并沥干。

6 可戴手套趁热搓揉辣椒，再用手或小刀剥去辣椒外皮。

4 去除蒂头。

7 将所有的辣椒去皮完成。

5 用小刀将辣椒划开，去籽。

8 将剥好外皮的整根辣椒整齐放入玻璃容器中。

剥皮辣椒

9 最后倒入已煮开放凉的调味料。

10 封罐腌渍入味，约3天即可食用。

注意事项

✛ 做剥皮辣椒一定要买对绿辣椒品种，表皮光亮，肉厚结实。

✛ 调味料的选择要到位，腌制后剥皮辣椒会让人有回甘的感觉。

✛ 水分及油分的沥干动作若做得不彻底，对品质会有很大的影响。

✛ 也可另外准备一盆热开水，将已剥好皮油炸过的辣椒用热开水洗掉油，再沥干水分，但要注意不要泡在热开水中。

✛ 青辣椒处理时，也可以先切蒂头再油炸，但不可切太多，切忌不要切到籽，否则与有水汽的道理一样，油炸时会产生油爆。

✛ 油炸温度要高，但油炸时间要缩短，否则辣椒会变软。

✛ 去辣椒籽时，可直接用刀，也可另外用不锈钢汤匙刮。

✛ 腌渍剥皮辣椒时，其调味料可随个人意愿增减，例如有些人喜欢加入黑醋或素蚝油增加风味，也可以加入一点香油，或要增加回甘效果可添加甘草片一起熬汁，效果都不错。

✢ **剥皮辣椒鸡汤食谱**

材料

剥皮辣椒 10 条

剥皮辣椒酱汁 200ml

鸡肉 900g

姜片 15g

葱段 15g

水或高汤 1200ml

调味料

盐 25g

米酒 15ml

做法

1. 鸡肉洗净，切块备用。

2. 起锅煮一锅滚水，先将姜片、葱段放入煮 2 分钟，再加入鸡块汆烫，捞起备用。

3. 再煮一锅 1200ml 的水或高汤，煮滚，倒入剥皮辣椒酱汁，再放入汆烫过的鸡块，小火煮 25 分钟。

4. 加入剥皮辣椒及调味料，再煮 5 分钟即可。

注意事项

煮汤汁时也可加些枸杞增加风味，同时也可增加颜色点缀。

剥皮辣椒

腌剁椒是天气较寒冷或湿气较重的地区
的最佳做菜配料。

（腌剁椒）

香辣鲜美的烧菜配料

　　辣椒全身是宝，除了富含 β—胡萝卜素、碳水化合物、大量的维生素 C 以及钙、磷等之外，在干果上的营养价值也不低于鲜果，故利用在加工品上的甚多，另外还有辣椒碱、二氢辣椒碱、辣椒红素、辣椒玉红素等特殊成分。其中辣椒红素、辣椒玉红素是无限制性使用的天然食品添加剂，而辣椒碱和二氢辣椒碱是辣椒中的辛辣成分，具有生理活性和持久的消炎镇痛作用，内服可以促进胃液分泌，增进食欲，缓解胃肠胀气，改善消化功能和促进血液循环；外用可以用于治疗牙痛、肌肉痛、风湿病和皮肤病等疾病，对治疗神经痛有显著疗效。

　　辣椒除了做香辛料外，还可加工成辣椒酱，近来更有人对红辣椒进行分离提取，除可得到无味辣椒红色素和辣椒碱等产品外，其提取后的残渣也可做辣椒油、辣椒粉和饲料等，其营养价值可与谷物媲美。

　　剁椒的名称由来，主要是辣椒在处理时是用刀去剁它，而且不去籽，会增加其辣度，尤其是做剁椒鱼头或剁椒茄子，剁椒摆在上面非常美观。一般都是天气较寒冷或湿气较重的地区会出现类似做法，当做菜配料。

制作流程

红辣椒洗净，晾干水分

↓

去掉辣椒蒂头

↓

大蒜去皮

↓

生姜洗干净

↓

用刀将辣椒剁碎

↓

剁碎大蒜和生姜

↓

大蒜、生姜和辣椒碎拌匀

↓

放入细砂糖和盐拌匀

↓

放入干净的瓶中

↓

辣椒、姜、蒜末压实

↓

放入高度蒸馏酒，拌匀

↓

盖上盖子，在室温下静置3天

↓

放入冰箱冷藏储存一年以上

↓

完成

食谱

📷 **成品分量**　同材料总重

🕐 **制作所需时间**　15 天

🍲 **保存时间**　1 年以上，保存在阴凉处

📋 **材料**　红辣椒 600g
（可自己选择辣椒的品种）
大蒜 60g
生姜 60g
盐 60g
细砂糖 25g
高度蒸馏米酒 30ml

🔴 **做法**

1 将红辣椒洗净，晾干水分，去掉红辣椒的蒂头，但籽要保留。大蒜去皮，生姜洗干净备用。将红辣椒放入绞肉机中绞成红辣椒碎。绞肉机绞出来的是颗粒状的红辣椒碎，若没有绞肉机可以直接用刀将红辣椒剁碎成小丁状。

2 将大蒜和生姜直接绞成碎末。放入红辣椒碎中，也可用刀剁碎大蒜和生姜。

腌剁椒

3 将大蒜、生姜和红辣椒碎拌匀。

4 然后放入细砂糖和盐拌匀。

5 放入干净的瓶中。

6 用汤匙将红辣椒、姜、蒜末压实。

7 最后放入高度蒸馏米酒，拌匀即可。

8 盖上盖子，在室温下静置3天，然后放于阴凉避光处储存，最好放入冰箱冷藏储存，可以放一年以上。食用的时候最好用干净无油无水的勺子盛出，这样剩下的更容易保存。

注意事项

✤ 制作剁椒，不能用料理机打红辣椒，会成辣椒浆，不好吃。

✤ 也可作为辣椒酱直接吃，吃得时候用勺子盛出一些，再放点醋和细砂糖可以解辣又鲜美。

✤ 用汤匙将红辣椒、姜、蒜末压实，主要是为了减少停留在缝隙间的空气，可降低污染概率。

烹调运用

剁椒鱼头、剁椒茄子

✤ 剁椒鱼头食谱

材料

剁椒 3 大匙（约 45g）

草鱼头 1 个

姜 20g

葱 3 根

调味料

料理米酒 10ml

鸡粉 2g

做法

1. 鱼头洗净，去鳃，对剖成两半。姜切片，葱切段备用。

2. 将姜片及葱段铺于盘底，上面放已处理好的鱼头。

3. 将剁椒及调味料依序放于鱼头上。

4. 用蒸笼蒸，大火煮滚水后，蒸 20 分钟即完成。

注意事项

✤ 剁椒的辣度会随辣椒品种不同而有差异，请依自己喜欢的辣度调整添加量。

✤ 鱼头的选择要考虑是否会出现太多的细骨头，避免食用者伤到喉咙。

其他
类

Chapter 4

其他类腌渍时，加入大量的蒜头、酒、盐或酱油，可以杀菌防腐。

其他类是指蔬菜、根茎、果实以外的产品，如书中所提的咸猪肉和咸蛋。其实还有许多，如腌渍肉类（猪肝），腌渍鱼类，或腌渍海鲜类（蛤蜊、花枝）。

小时候每年的过年前，就会看到祖父趁天气放晴买些猪肝回来腌渍，过年时就招待亲戚朋友。腌猪肝很咸，但炒过后很香很下饭，当时大家比较缺乏健康概念，猪肝仍是抢手货，不像现在猪肝都没有人在吃了。目前这道菜可能在特色餐厅才吃得到。另外，将新鲜的蛤蜊洗净、吐清杂质后，用酱油、米酒、大蒜来腌渍，仍是一道热门的小菜，虽然很多人担心卫生安全的问题，但是我认为只要蛤蜊选择黄金色的，也就是活水养殖的，基本上应该安全没问题，若贝壳外部是黑色的，表示养殖环境的水土有问题，那就别去尝试。

其他类的腌渍菜，读者或许会发现这些材料中用了大量的蒜头及米酒作为调味料，那是因为它们有杀菌的作用与效果。再加上大量的盐或酱油，因为咸度够就不容易腐败。不过，这些其他类的腌渍菜建议最好尽早吃完，而且全程冷藏保存较安全，所以采购新鲜的原料及注意处理过程中的卫生安全很重要，千万不要疏忽。现代人的胃肠免疫力大大下降，千万不可逞强，像我只敢欣赏原住民族的腌猪肉，若没有再次蒸过，就无法享受了。

独特又好吃的客家咸猪肉，
是餐桌上令人赞赏的美味。

（客家原味咸猪肉）

咸香的肉滋味

　　书中介绍的咸猪肉是现代的改良版。试过市场卖的四种品牌后，觉得其中一家的中草药粉调和得很协调，这样做起来很简单，也可达到最佳效果。读者不妨先试做后，看看吃着怎么样再判断好与不好。早期客家人的咸猪肉只有一种做法：杀一头猪敬神祭祖时，通常会先将瘦肉及内脏取下，用来办桌煮菜请亲朋好友享用，其余就先用盐、酒抹在猪皮肉的内外部，做初步的防腐工作，拜完后就一条条分割分送给亲朋好友分享，分送不完的，再拿一个干净又干燥的水缸，一层粗盐一层猪肉，再一层粗盐一层肉，直到最上面倒满一层厚厚的盐，这一缸的咸猪肉就可以陆陆续续吃上一整年。每次要吃时就取出一条，退去盐分，蒸过后切片，蘸糖、酒、醋所调出的酱汁，这道菜充分表现出客家风味。而现代市场上已有专门调好的腌咸猪肉的调味粉，只要按部就班地做，保证风味独特好吃。以下的步骤与做法，如果依照厂商的调味包说明来做有不同的口感，我只是用厂商所调配的调味粉，腌渍过程是我独有的秘方，是经过修正的，希望读者看了之后能体会，做出人人赞赏的咸猪肉。另外这已调好的咸猪肉调味粉，可用在很多地方，只要有肉的食材料理，可利用已调配好的中药材粉先腌半小时，让它入味后，再蒸或炒，非常方便。我与古老师于2014年底参加"农委会农粮署"举办的米谷粉创意比赛中获得佳作，其中参加比赛的作品之一"米谷粉创意肉圆"的内馅调味料用的就是此配料，评审都认为有独特性又好吃。

制作流程

将米酒倒入五花肉中

↓

按摩与洗去外皮灰尘

↓

将脏水倒掉

↓

加入咸猪肉粉

↓

加入蒜末

↓

加入黑胡椒粒

↓

均匀涂抹于肉的外部

↓

装入较厚的塑料袋中，按摩

↓

袋内空气排出

↓

绑紧袋口

↓

冰箱冷藏 4 天（每天要取出按摩）

↓

每条分装成一袋，冷冻库保存

↓

退冰

↓

用电锅先蒸，再煎食

↓

完成

食谱

🖥 **成品分量**　同材料总量

🕐 **制作所需时间**　　4 天

🍲 **保存时间**　约 3 个月，需冷冻

📦 **材料**　新鲜五花肉 3.6kg

🍱 **调味料**　　咸猪肉粉 140g

　　　　　　米酒 100ml

　　　　　　黑胡椒粒 30g

　　　　　　蒜末 50g

🔘 **做法**

1 买新鲜的五花肉，最好是靠近肋排的部位，每条切成 1.5 ～ 2 厘米的厚度。五花肉不要用水洗，直接放于盆中，将米酒倒入。

2 用米酒将五花肉充分按摩并洗去外皮灰尘，将脏水倒掉。

3 加入咸猪肉粉。

4 加入蒜末。

5 加入黑胡椒粒，充分拌匀调味料，均匀涂抹于肉的外部。

6 装入较厚的塑料袋中，再充分按摩。

7 将袋内空气排出，绑紧袋口，放于冰箱冷藏。这4天中，每天要取出，再搓揉按摩一次。

8 4天后，即可食用或取出每条分装成一袋装，放于冷冻库保存。

9 每次食用时，可先从冷冻库取出退冰，再用电锅先蒸，再煎食，或用油炸。

10 整条煎或切片煎食，与其他配料做成菜肴皆可。

📋 注意事项

✤ 用米酒洗的目的，一方面是消毒杀菌，一方面是先将肉面打湿，便于粉类沾黏较能入味。

✤ 猪肉片不要买太肥也不要切太厚，肉太厚腌渍时不容易入味。

✤ 大蒜及黑胡椒粒，我认为是必加的添加物，有了它们香气才会较突出，至于是否加红糖，就看自己的喜好，添加红糖可以使颜色更美、香气更突出，原住民的朋友也可以额外加入马告或刺葱，非常独特讨好。

烹调运用

✤ 咸猪肉炒蒜苗食谱

🍱 材料

咸猪肉 1 条
蒜苗 1 把
红辣椒 1 条
大蒜 5 粒
水 80ml

🍳 做法

1. 将咸猪肉上多余的酱料稍微刮除，但千万不要洗，切薄片，备用。

2. 蒜苗切段，大蒜切片，红辣椒切末备用。

3. 先将咸猪肉片用小火煸出油脂，肉熟透后盛出备用。

4. 利用锅中油脂，先小火炒大蒜片、红辣椒末，再加入蒜苗段，改中火翻炒，再加入 80ml 水，将蒜苗煮至熟透，最后再加入已煸熟的咸猪肉片拌炒即可。

📋 注意事项

✤ 如果咸猪肉太肥，则被煸出的油脂就会多，可先舀一些出来再炒菜。

✤ 蒜苗也可以改用卷心菜替代。

✤ 加入 80ml 水的目的，是利用水加热产生的水蒸气将菜煮熟，否则若一直干炒会容易炒焦。

腌渍好的红糟咸猪肉，直接蒸，
或用油煎或炸，口味上会有很大的不同。

（客家红糟咸猪肉）

红艳的客家风味

  咸猪肉的调味料，不管是自己配还是买现成的，都需要将调味料均匀涂抹在猪肉上，市售的猪肉表面一定不会残存有水分，因此太干燥会使调味料常常涂抹不均匀。所以我改变了腌渍的步骤，先用米酒来洗猪肉表面的灰尘，也帮助按摩，让猪肉的毛孔因酒精作用而扩张，以便于调味料附着渗入，另外为了要增加色泽或香气，可以外加其他香味或当地特有的香草植物，如此才能扩大用途或优势。

  下面所介绍的红糟腌咸猪肉是典型的代表作，也示范出红曲红糟的腌渍法，腌渍好后，直接蒸，或用油煎或炸，口味上会有很大的不同。很多人不敢吃蒸的红糟产品，却敢吃煎或炸的，差别就在于香气与味道。

  红曲是红曲菌长在熟米粒上的产品，而红糟则是红曲米发酵后的产品。很多人因为不会区分，自然用不对原料，原料已不对，哪能做出好产品。例如做料理时，若要有香气一定要用红糟，若只是要染色则可用红曲，但不会有香气产生。至于是否多了红糟就多了一些营养，我认为未必是这样的，腌渍后应该是口味风味重于营养。

制作流程

将酒倒入五花肉中

▼

按摩与洗去外皮灰尘

▼

将脏水倒掉

▼

加入咸猪肉粉

▼

加入蒜末

▼

加入黑胡椒粒

▼

加入红糟

▼

均匀涂抹于肉的外部

▼

装入较厚的塑料袋中，按摩

▼

袋内空气排出

▼

绑紧袋口

▼

冰箱冷藏 4 天（每天要取出按摩）

▼

每条分装成一袋，冷冻库保存

▼

退冰

▼

用电锅先蒸，再煎食

▼

完成

食谱

- **成品分量**　同材料总重

- **制作所需时间**　4 天

- **保存时间**　约 3 个月，需冷冻

- **材料**　新鲜五花肉 3.6kg

- **调味料**　咸猪肉粉 140g
  米酒 100ml
  黑胡椒粒 30g
  蒜末 50g
  红糟 90g

做法

1 买新鲜的五花肉，最好是靠近肋排的部位，每条切成 1.5 ~ 2 厘米的厚度。五花肉不要用水洗，直接放于盆中，将米酒倒入。

2 用米酒将五花肉充分按摩并洗去外皮灰尘，将脏水倒掉。

客家红糟咸猪肉

3 加入咸猪肉粉。

4 加入蒜末。

5 加入黑胡椒粒。

6 加入红糟，充分拌匀调味料，均匀涂抹于肉的外部。

7 装入较厚的塑料袋中，再充分按摩。

8 将袋内空气排出，绑紧袋口，放于冰箱冷藏。

9 这4天中，每天要取出，再搓揉按摩一次。

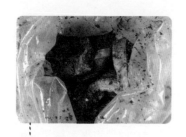

10 4天后，即可烹调食用。

11 或取出每条分装成一袋装，放于冷冻库保存。

12 每次食用时可先从冷冻库取出退冰。

13 再用电锅先蒸，再煎食，或用油炸。

14 整条煎或切片煎食，与其他配料做成菜肴皆可。

客家红糟咸猪肉

注意事项

✤ 加入红糟，风味独特。若没有加红糟就是原味，加黑胡椒与蒜末能达到充分提味效果。

✤ 腌过红糟的腌渍品，先蒸熟只是第一步骤而已，最好都煎或油炸后再运用，会特别香。

✤ 红糟腌肉在煎或炸之前，若酱料附着太多要刮除，否则油炸时外表很容易发生焦黑现象。

烹调运用

✤ **红糟咸猪肉炒卷心菜食谱**

材料

红糟咸猪肉 1 条
卷心菜 1 颗
红辣椒 1 条
大蒜 5 粒
水 80ml

做法

1. 将红糟咸猪肉多余的酱料稍微刮除，但千万不要洗，切薄片，备用。

2. 卷心菜切段，大蒜切片，红辣椒切末备用。

3. 先将红糟咸猪肉片用小火煸出油脂，肉熟透后盛出备用。

4. 利用锅中油脂，先小火炒大蒜片、红辣椒末，再加入卷心菜段，改中火翻炒，再加入 80ml 水，将卷心菜煮至熟透，最后再加入已煸熟的红糟咸猪肉片拌炒即可。

注意事项

✤ 如果红糟咸猪肉太肥则被煸出的油脂就会多，可先舀一些出来再炒菜。

✤ 红糟咸猪肉被煸出来的油脂用来炒饭成红糟炒饭，非常香且色泽漂亮。

✤ 加入 80ml 水的目的，是利用水加热产生水蒸气将菜煮熟，否则若一直干炒会容易炒焦。

（腌咸蛋）

金黄色的诱人美味

　　传统的腌咸蛋常用红土加盐涂抹于鸭蛋上，红土除可持续保湿外，由于红土与盐拌匀不容易流动，黏性使其附着于鸭蛋上面，保有咸度很容易长期维持。腌渍咸蛋成功的关键在于选对鸭蛋，鸭蛋由于饲料及饲养环境的不同，产生的蛋黄色泽就会不同，所腌出的咸蛋香气也会不同，尤其蛋黄的色泽最明显。民间普遍使用鸭蛋做咸蛋，我想是蛋壳比较厚的关系，也有人用鸡蛋腌咸蛋，也很好吃，但是容易破蛋较不好保存。

　　目前书中介绍的方法是很干净的做法，腌咸蛋主要靠盐分的咸度让蛋白质产生变化，主要掌握咸度 20%，这是腌咸蛋成功的关键，盐多则较咸，但咸蛋较不容易坏掉。

加盐拌匀后再腌咸蛋，或用红糟腌制，
成果都很棒。

制作流程

鸭蛋外皮洗净、沥干

▼

冷开水放入洗净的玻璃罐中，加入 20% 的盐

▼

将盐水搅拌均匀

▼

鸭蛋逐一放入罐中

▼

倒入盐水

▼

小瓷盘压在水面

▼

封罐，腌渍 20 天

▼

蒸过后再食用

▼

完成

腌咸蛋

🦋 食谱 🦋

📷 **成品分量**　同材料总量

🕐 **制作所需时间**　20 天

🍲 **保存时间**　约 3 个月，需冷藏

📦 **材料**　鸭蛋 10 颗
　　　　　盐 200g
　　　　　冷开水 1000ml

🥣 **器具**　玻璃罐（1800ml）1 个

🥄 **做法**

1 先将鸭蛋外皮洗净、沥干。将盐加入冷开水。

2 将盐水搅拌均匀。

3 将洗净的鸭蛋逐一放入罐中。

4 倒入盐水。

5 找一个小瓷盘压在上面，以防止鸭蛋浮于水面。

6 封罐，腌渍20天。

7 咸蛋腌好后仍是生蛋，食用时要先蒸过再食用，用小火蒸20分钟至熟。

📇 注意事项

✤ 鸭蛋越新鲜越好，不可有破蛋，外皮要洗干净，以减少杂菌污染。

✤ 咸蛋腌渍要用20%的盐（相对于水量而言）。

✤ 若不用盐水，也可以用红土制浆，加盐拌匀后，再腌盐蛋，也有人用红糟腌制，成果都很棒。

✤ 其他做法

📋 材料

鸭蛋 10 个

红土 500g

🍶 调味料

盐 240g

红茶叶 40g

水 240ml

🔘 做法

1. 先将调味料煮滚放凉，再加入红土，拌匀成浓稠状。

2. 将红土浆均匀涂抹于鸭蛋上，放于室温腌制 1 个月即可。

📵 注意事项

食用时一定要先将红土洗净，用小火蒸 20 分钟至熟。

烹调
运用

✤ 咸蛋炒苦瓜食谱

📋 材料

咸蛋 2 个

苦瓜 1 根

色拉油 60ml

🍶 调味料

盐 5g

细砂糖 15g

🔘 做法

1. 咸蛋洗净，蒸熟，剥壳，切碎备用。

2. 苦瓜对半剖开，去籽、切片，用水汆烫去苦味，捞起滤干备用。

3. 在锅内加入色拉油，先炒苦瓜片，再加入碎咸蛋，炒至水分收干有咸蛋的味道产生，再加入调味料拌炒即可。

📵 注意事项

咸蛋记得要先煮熟再用。除了观光区的咸蛋已煮好再卖给观光客外，市场上卖的咸鸭蛋都是生的，只是用盐腌好了而已。

（合法添加物说明）

二氧化硫的说明

亚硫酸盐为使用多年的合法食品添加物，亚硫酸盐具有杀菌功效及强还原性，可将食品的着色物还原漂白，并可抑制氧化作用，防止酵素与非酵素褐变反应，是非常有效的酵素抑制剂、漂白剂、抗氧化剂、还原剂及防腐剂。食品中所添加的亚硫酸盐会产生二氧化硫，二氧化硫及其衍生物不但会对人的呼吸系统产生伤害，甚至对生殖系统也会产生危害。

亚硫酸钾 Potassium Sulfite

1. 本品可使用于金针干制品，用量以 SO_2 残留量计为 4.0g/kg 以下。

2. 本品可用于杏干，用量以 SO_2 残留量计为 2.0g/kg 以下。

3. 本品可使用于白葡萄干，用量以 SO_2 残留量计为 1.5g/kg 以下。

4. 本品可使用于动物胶、脱水蔬菜及其他脱水水果，用量以 SO_2 残留量计为 0.50g/kg 以下。

5. 本品可使用于糖蜜及糖饴，用量以 SO_2 残留量计为 0.30g/kg 以下。

6. 本品可于水果酒类之制造时使用，用量以 SO_2 残留量计为 0.25g/kg 以下。

7. 本品可使用于食用木薯粉，用量以 SO_2 残留量计为 0.15g/kg 以下。

8. 本品可使用于糖渍果实类、虾类及贝类，用量以 SO_2 残留量计为 0.10g/kg 以下。

9. 本品可使用于上述食品以外之其他加工食品，用量以 SO_2 残留量计为 0.030g/kg 以下。但饮料（不包括果汁）、面粉及其制品（不包括烘焙食品）不得使用。

亚硫酸钠 Sodium Sulfite

1. 本品可使用于金针干制品，用量以 SO_2 残留量计为 4.0g/kg 以下。

2. 本品可用于杏干，用量以 SO_2 残留量计为 2.0g/kg 以下。

3. 本品可使用于白葡萄干，用量以 SO_2 残留量计为 1.5g/kg 以下。

4. 本品可使用于动物胶、脱水蔬菜及其他脱水水果，用量以 SO_2 残留量计为 0.50g/kg 以下。

5. 本品可使用于糖蜜及糖饴，用量以 SO_2 残留量计为 0.30g/kg 以下。

6. 本品可于水果酒类之制造时使用，用量以 SO_2 残留量计为 0.25g/kg 以下。

7. 本品可使用于食用木薯粉，用量以 SO_2 残留量计为 0.15g/kg 以下。

8. 本品可使用于糖渍果实类、虾类及贝类，用量以 SO_2 残留量计为 0.10g/kg 以下。

9. 本品可使用于上述食品以外之其他加工食品，用量以 SO_2 残留量计为 0.030g/kg 以下。但饮料（不包括果汁）、面粉及其制品（不包括烘焙食品）不得使用。

亚硫酸钠（无水）Sodium Sulfite（Anhydrous）

1. 本品可使用于金针干制品，用量以 SO_2 残留量计为 4.0g/kg 以下。

2. 本品可用于杏干，用量以 SO_2 残留量计为 2.0 g/kg 以下。

3. 本品可使用于白葡萄干，用量以 SO_2 残留量计为 1.5 g/kg 以下。

4. 本品可使用于动物胶、脱水蔬菜及其他脱水水果，用量以 SO_2 残留量计为 0.50g/kg 以下。

5. 本品可使用于糖蜜及糖饴，用量以 SO_2 残留量计为 0.30g/kg 以下。

6. 本品可于水果酒类之制造时使用，用量以 SO_2 残留量计为 0.25g/kg 以下。

7. 本品可使用于食用木薯粉，用量以 SO_2 残留量计为 0.15g/kg 以下。

8. 本品可使用于糖渍果实类、虾类及贝类，用量以 SO_2 残留量计为 0.10g/kg 以下。

9. 本品可使用于上述食品以外之其他加工食品，用量以 SO_2 残留量计为 0.030g/kg 以下。但饮料（不包括果汁）、面粉及其制品（不包括烘焙食品）不得使用。

亚硫酸氢钠 Sodium Bisulfite

1. 本品可使用于金针干制品，用量以 SO_2 残留量计为 4.0g/kg 以下。

2. 本品可用于杏干，用量以 SO_2 残留量计为 2.0g/kg 以下。

3. 本品可使用于白葡萄干，用量以 SO_2 残留量计为 1.5g/kg 以下。

4. 本品可使用于动物胶、脱水蔬菜及其他脱水水果，用量以 SO_2 残留量计为 0.50g/kg 以下。

5. 本品可使用于糖蜜及糖饴，用量以 SO_2 残留量计为 0.30g/kg 以下。

6. 本品可于水果酒类之制造时使用，用量以 SO_2 残留量计为 0.25g/kg 以下。

7. 本品可使用于食用木薯粉，用量以 SO_2 残留量计为 0.15g/kg 以下。

8. 本品可使用于糖渍果实类、虾类及贝类，用量以 SO_2 残留量计为 0.10g/kg 以下。

9. 本品可使用于上述食品以外之其他加工食品，用量以 SO_2 残留量计为 0.030g/kg 以下。但饮料（不包括果汁）、面粉及其制品（不包括烘焙食品）不得使用。

氯化钙的说明

氯化钙俗称盐丹，是由氯元素与钙元素构成的一种盐，呈白色块状或片状，有吸水的特性，常用于干燥剂、路面融冰剂或冷却剂，例如猫砂也有这种成分，用于衣橱防潮的克潮灵其主要成分也有氯化钙，依据食品添加剂使用范围及限量暨规格标准规定，食品级氯化钙可用于品质改良用、酿造用及食品制造用剂；而工业用氯化钙则不能添加于食品，也不能用于食品制造加工过程中。食品添加物氯化钙用于嫩姜浸泡液，每公斤不可超过 10 克。2014 年各大报曾有腌渍嫩姜的报道，标题为：泡工业氯化钙，黑心腌渍姜有毒。亦有其他媒体报道标题为：腌渍嫩姜太白、太脆，最好别买。这造成业界一片惨景。因为可以脆化生姜的氯化钙是化学物质，吃了可能会伤肝伤肾。而中国医药大学附设医院毒物科主任洪东荣指出，食用级的氯化钙为固化剂，可添加于蔬菜罐头或用于腌渍蔬菜，增加脆度，欧盟允许使用添加，美国也认为其无毒。医疗用的氯化钙则可补充血中的钙质，也可以用于细胞的培养。即使是食品级的氯化钙吃太多仍会造成心脏麻痹、肾结石、肾损伤以及肠胃道便秘。而工业用的氯化钙因纯度更低，可能掺有杂质或重金属，吃了恐会中毒。

图书在版编目（CIP）数据

自己腌：DIY腌萝卜干、梅干菜、酸白菜、笋干、咸猪肉等34种家用做菜配料/徐茂挥，古丽丽著.-- 北京：华夏出版社，2017.1（2018.1重印）
ISBN 978-7-5080-8997-3

Ⅰ.①自… Ⅱ.①徐… ②古… Ⅲ.①腌菜—菜谱 Ⅳ.① TS972.121

中国版本图书馆CIP数据核字（2016）第252897号

本著作中文简体版通过成都天鸢文化传播有限公司代理，经远足文化事业股份有限公司（幸福文化）授予华夏出版社独家发行，非经书面同意，不得以任何形式，任意重制转载。本著作仅限于中国大陆地区发行。

版权所有，翻印必究。
北京市版权局著作权合同登记号：图字 01-2015-3463 号

自己腌：DIY腌萝卜干、梅干菜、酸白菜、笋干、咸猪肉等34种家用做菜配料

作　　者	徐茂挥　古丽丽
责任编辑	布　布
美术设计	殷丽云
责任印制	刘　洋

出版发行	华夏出版社
经　　销	新华书店
印　　刷	北京华宇信诺印刷有限公司
装　　订	三河市少明印务有限公司
版　　次	2017年1月北京第1版　2018年1月北京第2次印刷
开　　本	720×1030　1/16开
印　　张	17
字　　数	200千字
定　　价	59.80元

华夏出版社 网址:www.hxph.com.cn 地址：北京市东直门外香河园北里4号 邮编：100028
本版图书如有印装质量问题，请与我社营销中心调换。电话：（010）64663331（转）

好书推荐：

小资女饮食健康新救星！
50 道沙拉、汤品、面食、
炖饭、养生甜品……
有了这一本，通通全搞定！

《行动小厨房 1：焖烧罐的美味指南》

美好人生，就从饮食开始！
50 道养生暖汤、粥面、
甜汤、茶品……
用美味时时照料你的繁忙生活，
吃得安心更要吃得健康！

《行动小厨房 2：焖烧罐的养生指南》

日本著名咖啡屋 CUICUI CAFE 负责人
桔梗有香子老师，手把手教你制作 42
道舒芙蕾松饼料理，涵盖甜食系、咸
食系及水果系，让你享受在家做松饼
的轻松愉悦。

《黄金比例的舒芙蕾松饼》

严选美味，吃出健康。由专业营养师
把关，分析并量化各种蔬果的营养成
分与热量，让你在不错过每种天然营
养的同时按需摄取，保持健康、苗条
的身材！

《买菜学堂，开课了！》

亲访英国皇家茶职人，了解英国茶历史
学习选茶、泡茶、品茶
游茶馆、吃茶点
享受最地道的英伦茶日常

《下午四点钟的茶会》